葛拉漢教你看懂財務報表

價值投資之父的經典著作
規避股市泡沫的不二法門

The Interpretation of Financial Statements

班傑明‧葛拉漢 Benjamin Graham
史賓瑟‧梅瑞迪斯 Spencer B. Meredith 著

陳儀——譯

目録

第二部
以比率法分析資產負債表與損益科目

第三部
財務專有名詞與慣用語的定義

【推薦序】
投資功夫的基本馬步

毛仁傑

禮正投顧總經理

　　2008年由美國次貸風暴所引起的全球金融海嘯，讓許多人害怕1929年美股崩盤所引起的經濟大蕭條又會再度來臨。許多描繪1930年代經濟情勢的書籍成為現代人去搜尋古老記憶的最佳媒介。如果讀者不只是要了解當年大蕭條的前因後果，想更進一步探求恐慌時代的投資致勝之道。這本葛拉漢在1937年出版的財務報表解讀，是沒有會計學背景的投資人，進入價值投資領域的極佳途徑。

　　葛拉漢的投資理念深深地影響了華倫巴菲特、約翰奈夫等當代投資家。尤其是巴菲特在這次金融海嘯中展現的中流砥柱角色，以及在眾人恐慌中貪婪地伸手承接股票的膽識，實在令人佩服。重點是，深藏在巴菲特背後，幫著他克服恐慌心理的價值投資理念，究竟是如何形成？實質

內涵如何？坊間的書籍多是以成功案例在歌功頌德。但是本書並不以華麗的辭藻來形容價值投資的優點，而是以簡單的文字，一步一腳印地來敘述財務報表分析的訣竅。正是想要練好價值投資基本功的好教材。

誠如葛拉漢自已所言。本書的很多內容看起來都很基礎，事實上，財務報表分析本來就是相對簡單的一件事情，在投資的領域中，最困難的部份是對未來情勢發展的預測，也是投資成敗的關鍵所在。為了要提高預測的正確機率，對於過去及現在的表現，絕對有必要詳細分析，而財務報表的解讀就和學功夫要紮馬步一樣，基本、簡單、無聊但必要。

在財務報表中，現在市場流行的分析方法是過度重視損益表的當年度盈餘預估。我們常常看到法人機構的研究員或財經媒體，積極地在每月營收，每季盈餘，或每年EPS等幾個損益表的數字中找尋答案。這些數字的追蹤和預測當然重要，但是過度偏頗的結果，往往造成投資上的盲點，以及被有心人操弄的空間。

我們從過去多年來國內外股票市場，看到許多實際發生的案例。上市公司為了符合市場喜好追求營收、盈餘成長的特性。利用各種會計調整的手段，甚至是虛偽作假來達到當期損益表的美化效果。不過會計學本身有一定的勾

稽作用，許多藏在損益表中的美化效果，會被自動地在資產負債表中露出端倪。因此，多注意資產負債表中的財務分析，是未來投資股票的過程中，極為重要的一門功課。

　　葛拉漢在本書中，對於資產負債表和損益表的重要科目都有深入淺出的說明，讓讀者即使沒有會計學的背景，也可以明瞭許多隱藏在數字背後的意義。葛拉漢明白指出，一檔證券的帳面價值其實是相當人為造作的價值，因此在實際投資證券前，儘可能的檢視財務報表，是降低風險的基本功課。

　　除了針對財務報表的各個科目提出言簡意賅的說明外，整個解讀數字的背後，事實上也是隱隱道出葛拉漢的投資哲學。千萬別輕忽這個看似簡單，卻影響了許多投資大師的哲學。就是因為簡單易懂，反而能夠確實執行，最後的關鍵在讀者閱讀完畢後，能不能夠乖乖地去跟著做。

　　葛拉漢在清算價值的章節中提到：討論鐵路公司或一般大眾公用事業的清算價值是不切實際的。然而，我們卻可以相當精確地計算出銀行、保險公司或投資控股公司的清算價值。如果清算價值數字大幅高於市場價格，那麼這個事實可能隱含重大意義。

　　當然，隨著時代的演進，會計科目的表達及運用原則有了很大的改變。這本1937年所寫的書籍在當年的意義和

現在略有不同。1930年的金融業沒有現在這麼複雜的衍生金融商品，這些商品的定價模式往往牽涉到高度精密的數學運算，一般人根本無法分析。如果商品本身又沒有公開且大量的流通市場來反應價格，那麼持有這種商品的財務報表就很難評估。這也是2008年全球金融海嘯所引起的重要課題。不過萬變不離其宗，對於一般投資人來說，看不懂的就不要碰，每個人只要去選擇自己看得懂的股票去投資就夠了。最終來，可以掌握的機會才是機會，其他不能控制的是運氣，交給上天去分配，不是凡人該強求的。

　　在每一次的金融恐慌中，我們都看到類似巴菲特這種成功投資家的積極動作。我們也常常在事後佩服他們的膽識。怎麼會在那麼惡劣的大環境氣氛中，為人所不敢為！事實上，他們也是人，也有人性的貪婪與恐懼。只是他們的投資哲學經過千錘百鍊的試驗後，讓他們體會這種哲學的成功機率較高，自然地在同樣情況發生時，採行類似的策略。這種人棄我取的投資行為，需要實際戰鬥經驗的長期累積，更需要一套穩定可行的投資邏輯來增強信心。本書的內容是這套邏輯功夫的基本馬步，看似無趣，卻深含意義，值得推薦給投資大眾來反覆練習。

【推薦序】
站在巨人的肩膀上看財務報表

周玲臺

國立政治大學會計系教授

　　剛開始閱讀《葛拉漢教你看懂財務報表》時，正是非裔歐巴馬高票當選美國下任總統、各國民眾歡欣鼓舞之時，全球罕見的金融海嘯卻依然波濤洶湧、振盪股市。紐約及世界各證交所指數經常連續數日漲跌數個百分點，令人聞投資即色變！然而仔細思索目前的環境背景，其實和葛拉漢出版他的經典財務報告分析指南時是可以相提並論的。因為三○年代的美國，正經歷1929年10月29日「黑色星期二」引爆的經濟大蕭條，1929至1933數年間，道瓊工業指數跌掉89%的市值，不但使得從1920年代起過度投機炒股的投資人大受打擊，包括基礎製造業在內的各行各業都受到嚴重波及，一蹶不振。

　　其後，美國國會及各界深刻檢討，認為當時企業財務

報表資訊不僅不完整、不透明，甚至不能公正表達財務狀況，造成投資人無法正確判斷，因此於迅速通過的「1933證券法」及「1934證券交易法」中，成立一個獨立超黨派，且擁有「準司法權」的證券與交易委員會（Securities and Exchange Commission, SEC），以強化美國證券市場的規範與監管機制。數十年來SEC最重要的成就，包括建立會計師查核簽證上市公司財務報表的制度，且形成共識由專責機構制訂統一的財務會計準則與審計準則，及由SEC總籌監督與執行推動之責。但是在1937年葛拉漢撰寫本書之時，美國會計師協會（American Institute of Accountants）剛開始成為全國之專業代表組織，內部也只有一個特別委員會，負責與紐約證交所協調與會計師、投資人及證交所共同有關的事項。當時市場的篳路藍縷，與今天被視為理所當然之一般公認會計準則，會計師查核證財務報表、8K表重大事項揭露等複雜的規範機制相比，差距不可以道里計。因此倒退七十多年，設身處地思考《葛拉漢教你看懂財務報表》的內容，當年他對閱讀幾乎毫無規範的財務報表時所提出的智慧箴言，真是彌足珍貴。而他所質疑或提醒的重點，直至今日似乎仍然是會計學術界與準則制定者經常議論對話的題目，更令人不禁佩服他的銳利眼光。

　　譬如，在有關非流動資產的討論中，葛拉漢提到除了

百分之百子公司的合併報表及隨時會賣出的「有價證券」投資外，要衡量其他那些只持有部份股權的被投資公司之實際價值是很困難的。這也印證時至今日，合併報表少數股東權益、長期投資公平價值，甚至金融資產評價損失之會計處理會時生爭議之原因，因此葛拉漢認為「要衡量這些投資的實際價值是有困難的……所以(投資人)應該特別花一點心力取得和這些項目有關的額外資訊。」他以專家的經驗，提醒財報閱聽人資訊本身的限制性，十分發聾振聵，難怪投資大師巴菲特要如此的推崇他了。

《葛拉漢教你看懂財務報表》最珍貴的部分，是他不但嘗試把基本的財務報表定義、原則說明清楚，更把哪些觀念容易產生陷阱、或導致誤解都予以點出，因此可說是集其一生投資之心得，使讀者可以立刻了解閱讀財務報表應注意的重點。故而本書不僅對初學者有益，其實更適合已具相當會計基礎的人，再次重溫基本會計常識，定能對葛拉漢心血結晶所凝聚的醒世銘言發出會心的微笑。

當然由於七十年以來會計理論與原則的進步頗大，難免有些地方與現行規範或實務不符，但瑕不掩瑜，甚至可以藉機今昔對照一番。正如同香奈兒的中性黑白長褲套裝，曾帶領時代女性走出傳統束縛，至今也仍然是瀟灑女裝的經典款式。

　　如果看懂財務報表是認識投資知識的開端，判斷會計數字背後傳達的交易訊息與底蘊內涵，則需要經驗、冷靜與智慧，在本書中葛拉漢與梅瑞迪斯已經為投資人作出最好的詮釋了。值此全球金融風暴方興未艾之際，細讀《葛拉漢教你看懂財務報表》書中之提醒或警示，令人頗有歷史依然重演之嘆，而能夠站在先行巨人的肩膀上看懂財務報表，又是何其的幸運！

普萊斯推薦序

1975年春天，就在我剛展開我在共同股份基金公司（Mutual Shares Fund）的職業生涯不久，馬克斯·海恩要求我研究一個小型啤酒公司——史加佛釀酒公司（F&M Schaefer Brewing Company）。我永遠不會忘記，我在研究資產負債表時，發現有一筆價值+/–4,000萬美元的淨值，以及4,000萬美元的「無形資產」。我告訴馬克斯，「它看起來很便宜。它的成交價格遠低於它的淨值……一檔典型的價值型股票！」馬克斯說，「再仔細研究研究。」

於是，我詳細檢視財務報表附註和各項財務報表，不過，當中並未提及這些無形資產的出處。我打電話詢問史加佛公司的財務主管，我跟他說：「我在研究你們的資產負債表。請告訴我，這4,000萬美元的無形資產是怎麼來的？」他回答：「你沒聽過我們響叮噹的廣告歌『當你想要喝一瓶以上時，史加佛就是你的選擇』嗎？」

那就是我第一次分析無形資產的經驗，當然，這筆無形資產遭到嚴重高估，導致帳面價值上升，同時也讓該公司 1975 年表面上的獲利狀況看起來比實際情況好很多。而這一切是讓史加佛公司股價超過其應有價值的原因。所以，我們當然沒有買它的股票。

在現代，被列入資產負債表的廣告歌（被視為無形資產）有多少？金額是多少？幾十億美元嗎？或者，現在情況已經改變？諸如可口可樂、飛利浦‧莫利斯與吉列等企業目前在全世界都極具影響力，它們也都有龐大的「無形」資產，這些企業是否根本沒有把這些無形資產列在資產負債表上？

葛拉漢和梅瑞迪斯的《葛拉漢教你看懂財務報表》1937 年經典版再次發行的正是時候。由於我們的會計慣例一直都不是很允當（未來也將是如此），而且未跟上企業發展的腳步，此外，會計慣例也持續在變革，因此對一般投資人（如商業人士和學校的老師）來說，基本財務報表研究的重要性從未像現在那麼高。

1998 年時，企業界大型購併潮已延續了二十年，多數知名的大型企業都曾收購一個或多個企業，這導致這些公司的財務報表變得愈來愈難以讓人看得懂。目前財務會計標準局（Financial Accounting Standards Board）正在研究

是否要廢除收購相關會計處理法中的權益結合法（pooling of interest），這個變革將導致被列在資產負債表上的商譽金額上升。權益結合法允許企業將它的會計科目和被合併或被收購企業的科目合併，不需提列商譽；同時，結合法也會對股票買回行為進行限制，但是會計上的購買法（另一種處理合併或收購的會計方法）卻允許股票買回行為，並要求所有商譽可以在不超過四十年的期間內分期攤銷。要求企業記錄商譽的規定可能會導致收購溢價與企業評價水準降低。

在1996年合併的富國銀行與第一州際兩家銀行是採用購買法，但最近大通曼哈頓銀行和化學銀行合併則採用權益結合法。在檢視這些與其他類似合併案的後續經營成果時，必須以一致的方式來解讀會計方法。舉個例子，儘管富國銀行每年必須攤銷接近3億美元的商譽，卻還是以現金流量買回股票，而且該銀行在針對每股盈餘攤銷商譽之餘，目前還能提報「現金盈餘」與正常盈餘。我們共同股份公司的人認為，在檢視合併與收購案較多的產業（相對也提列較多商譽）時，必須比較要求「現金盈餘」，其次才是攤銷商譽後的盈餘。投資人要在當前這個步調快速的市場中取勝，關鍵在於正確解讀這些會計議題與企業行為的改變。班‧葛拉漢「永遠回歸財務報表」的原則，將讓

投資人得以避開嚴重的錯誤，而如果沒有犯下大錯，複利效果就會開始發揮它的力量。

不管你是否為葛拉漢的信徒，無論你是價值型投資人或是成長型乃至動能型投資人，應該都同意股價一定和企業的財務有關。投資人經常忽略一些評估普通股基本價值的基本數字，如帳面價值、現金流量、利息和其他各種比率。尤其在繁榮或恐懼期，投資人更經常會偏離這些成功投資的根本方法。充分理解如何解讀基本財務狀況後，投資人將可以更集中焦點，並因此避免犯下代價高昂的錯誤，同時有助於找出被隱藏在華爾街裡的珍珠。

當代企業多半都比過去任何一段期間更全球化。這些企業目前配銷全球的很多產品是數十年的研究與花費數百萬美元推銷費的成果，不過，它們卻沒有在資產負債表上提列任何無形資產，因為這些無形資產已經反映在市場價格上。不過，究竟市場願意花多少錢去買一個品牌，原因又是什麼？這個金額是否和製造這些知名產品所需的現金流量有關？全球化企業已經非常瞭解如何善用它們的品牌來創造槓桿利益。航空公司利用電腦來計算最佳負載因子，管理資訊系統更讓企業得以利用資產創造有史以來的最高報酬率。隨著企業透過直接或合作方式進行全球化，品牌的真正價值將逐漸浮現，這樣一來，使用財務報表的

投資人就可以判斷市場對企業的「產品」和「品牌」這項無形資產的評價是多少。

《葛拉漢教你看懂財務報表》最早在1937年出版，也就是在葛拉漢的《證券分析》出版後不久，那時有非常多投資人棄股票市場如敝屣。現在的情況正好相反，投資人應該確認自己是否瞭解手中持股企業的財務報表。這本指南手冊將會帶領你逐一瞭解資產負債表（一個企業的財產與負債情形）以及損益表（一個企業的獲利情形）。另外，書裡面也會討論到其他報表、財務比率和常用的詞彙表等，對瞭解財務報表非常有幫助。

有了這本書後，你將會更加瞭解和費用、準備金以及盈餘重估等主題有關的盈餘報告、年度報告和新聞稿的內涵。從投資新手到老手，所有投資人都能透過使用這本指南而受惠，就像我一樣。誠如班所說的，最終來說，在買股票時，你應該像挑選你平常要用的雜貨一樣仔細，這不是在買香水。聚焦在基本面——你付了多少錢買牛排，牛排的油花多不多——這樣應該就錯不了。

有了《葛拉漢教你看懂財務報表》常相左右，我相信你一定不會吃虧。

祝投資好運

麥可・普萊斯

前言

　　這本書的設計是為了讓你能明智地解讀財務報表。財務報表的目的是要以一種壓縮的形式來提供企業的精確財務狀況與營運成果等資訊。每個和股份有限公司及其證券有關係的人都有機會閱讀資產負債表和損益表。而且每個商人和投資人都理當要能夠瞭解這些股份有限公司報表。證券銷售人員和服務人員更應該具備分析報表的能力，這對他們來說是必要的技能。當你知道相關數字所代表的意義後，你就具備做出理想商業判斷的良好基礎。

　　我們規畫的程序是：依照資產負債表和損益表各項要素的典型安排順序來介紹。我們會先釐清某些用語或說法的意義，接下來簡短說明它在整體報表中的重要性。我們會盡可能提供簡單的標準或測驗，投資人可以使用這些標準來判斷一個企業的情況是好、還是壞。很多內容看起來都很基礎，但其實，財務報表分析本來就是相對簡單的一

件事。只不過，即使我們談論的都只是這個主題的基礎，其中還是不乏一些古怪之處與圈套，一定要找出這些古怪與圈套，並設法加以防範。

當然，最終的投資成就取決於未來的發展，但卻沒有人能精確預測未來。不過，如果你擁有企業目前財務情況與過往盈餘記錄的精確資訊，就比較有辦法衡量它的未來可能發展。而這正是證券分析的根本功能和價值所在。

以下內容也被使用在紐約股票交易協會（New York Stock Exchange Institute）的證券分析（Security Analysis）課程。這些內容的設計可供作為基礎性獨立研究的材料，也可以作為有關這項主題的更詳細論述的簡介。在紐約股票交易協會裡，這份文件是和另一本更深入的書《證券分析》（由班傑明·葛拉漢與大衛·陶德合著）一起使用。

葛拉漢於紐約市

第一部

資產負債表與損益表

［第一章］
資產負債表概述

　　資產負債表是用來顯示一個公司在某一個特定時間點的情況。世界上沒有一個能涵蓋1936年一整年的資產負債表；資產負債表只代表某一天的情況，例如1936年12月31日的情況。我們也許可以從單一日期的資產負債表上大致揣摩到一個企業過去的財務情況，不過，唯有同時明智地研究損益表，同時就後續的資產負債表進行比較，才比較能確實掌握一個企業的全貌。

　　資產負債表的目的是要讓人瞭解一個企業「擁有」什麼和「虧欠」什麼。企業所擁有的部分是列在資產這一邊，而它所虧欠的則列在負債那一邊。資產包括公司的有形資產、它所持有的現金或投資的金額，以及其他人欠公司的錢。有時候企業會擁有一些無形資產，例如商譽，通

常企業都是以較為武斷的方式來列示商譽金額。以上這些項目的總和就是一個企業的總資產，這個總和數字會列在資產負債表的底端。

負債端不僅包含企業的債務，也包括形形色色的準備金和股東權益（也就是所有權利益）。因企業的正常營運而產生的債務，是以應付帳款的形式呈現。另外，比較正式的借款則是以「尚未清償的債券或票據」來呈現。我們稍後將進一步說明「準備金」的部分，有時候，「準備金」可能和債務隸屬同一個性質，不過，通常準備金的特質與負債不同。

股東權益是列在負債那一端，以股本與公積等項目來表示。人們通常認為這些項目之所以會被列在負債項下，是因為它們代表公司虧欠股東的錢。比較好的方式是把股東權益視為資產和負債之間的差額，也因此，為了方便起見，它才會被放在負債這一邊，好讓整個報表的兩邊可以平衡。

換句話說，典型模式的資產負債表如下：

資產	$5,000,000	負債	$4,000,000
		股本與公積	1,000,000
	$5,000,000		$5,000,000

實際上是代表：

資產	$5,000,000
減負債	4,000,000
股東權益	$1,000,000

　　所以，資產負債表上的總資產和總負債永遠都是相等的，因為不管股本與公積項目的金額是多少，都是為了讓兩邊的餘額可以相等。

［第二章］

借項與貸項

Asset 增加→借方

負 資本公積 保留盈餘 股本 增加→貸方

要討論財務報表，一定要先簡要概述一下財務報表的基礎：簿記方法。簿記、會計和財務報表都是以「借」（debit）與「貸」（credit）這兩個概念爲基礎。

一個讓資產端金額增加的分錄稱爲借項，另一個英文名稱爲「charge」；相反的，一個導致負債科目減少的分錄也稱爲借項。

導致負債科目金額增加的分錄稱爲貸項；相反的，讓資產科目減少的分錄也稱爲貸項。

因爲資本（capital）和各式各樣的公積（Surplus）是負債科目，所以讓這些科目增加的分錄也稱爲貸項，而讓這些科目減少的分錄則稱爲借項。

企業是以所謂的「複式分錄記帳系統」（double-entry

system）來記帳，在這個系統下，每記錄一筆借項，就會連帶記錄一筆貸項。所以，帳簿將永遠保持平衡，意思就是，資產科目的總和將永遠等於負債科目的總和。

　　企業的日常營運會牽涉到各種不同收益與費用科目，例如銷貨收入、已付薪資等，這些科目都不會出現在資產負債表上。在每一期的期末，這些營運科目〔或稱中間科目（intermediate account）〕將會被結轉（或結清）到公積或「損益」（這是為公積科目所取的名稱，代表營運成果、股利等）科目。因為有些收入分錄等於公積科目的加項，所以它們是貸項或負債端的科目。費用分錄約當公積的減項，所以是借方或資產端的科目。

　　從「試算表」上可以看出所有不同科目在帳簿上的情況，此時，中間或營運科目尚未被結清到損益表上。表上的所有貸項餘額總和必須等於所有借項餘額的總和。

　　以下所列的簡化「案例史」或許可以幫助我們瞭解一個公司的營運情況如何被記載到帳簿、被登錄到試算表，最後被融入資產負債表中（以下內容所涵蓋的範圍極端受限，我們不希望讀者誤以為這個例子已充分涵蓋企業所有的簿記處理問題。讀者應該參考其他標準級的會計學教科書來取代或補強以下所討論內容）。

在期初時，X公司的資產負債表內容如下：

現金	$3,000	股本	$5,000
存貨	4,000	損益公積	2,000
	$7,000		$7,000

上列資產負債表資料是從總帳（記錄所有科目的帳簿）擷取而來，在總帳裡的表達方式是：

現金		存貨	
借	貸	借	貸
$3,000		$4,000	

股本		損益公積	
借	貸	借	貸
	$5,000		$2,000

在這段期間，該公司賒銷了3,000元的商品，而這些商品的成本為1,800元，另外它還產生了各種費用，這些費用都是以現金支付，總額共500元。

原始的分錄是記錄在「日記簿」中，如下：

應收帳款 $3,000		*A/r↑ Asset↑ 借*
銷貨收入 $3,000		*Sales↑ 公積↑貸*
[1]銷貨成本 1,800		*exp↑ 公積↓借*
存貨 1,800		*Asset↓貸*
費用（各種項目）................500		*exp↑ 公積↓借*
現金 500		*Asset↓貸*

　　到期末時，上述分錄被結轉到總帳，最後將呈現以下
情況：

現金		[2]存貨	
借	貸	借	貸
3,000	500	4,000	1,800
	2,500 (為了平衡的目的)		2,200 (為了平衡的目的)
3,000	3,000	4,000	4,000
2,500		2,200	

---

[1] 銷貨成本的算法是：將期初存貨加當期採購，再減去期末存貨，我們
　是為了簡化起見才使用以上分錄。
[2] 見前一個附註。

應收帳款		銷貨收入	
借	貸	借	貸
3,000			3,000

銷貨成本	費用	股本	損益公積
1,800	500	5,000	2,000

根據以上資料，就可以製作以下試算表

現金	2,500	股本	5,000
存貨	2,200	損益公積	2,000
應收帳款	3,000	銷貨收入	3,000
銷貨成本	1,800		
費用	500		
	10,000		10,000

接下來，營運科目透過以下結轉分錄被結清到損益科目：

銷貨收入	3,000	
損益		3,000

損益	1,800	
銷貨成本		1,800
損益	500	
費用		500

請注意，這些科目讓損益公積淨增加700元，這也代表當期的利益，這些分錄消除了營運科目。現在總帳將呈現以下情況：

現金		存貨	
借	貸	借	貸
3,000	500	4,000	1,800
	2,500 (為了平衡的目的)		2,200 (為了平衡的目的)
3,000	3,000	4,000	4,000
2,500		2,200	

應收帳款		銷貨收入	
借	貸	借	貸
3,000		3,000	3,000
		3,000	3,000

	銷貨成本			銷貨收入	
借	貸		借	貸	
1,800	1,800		500	500	
1,800	1,800		500	500	

股本	損益公積			
5,000	（從銷貨成本）	1,800	2,000	
	（從費用）	500	3,000	（從銷貨收入）
	（為了平衡的目的）	2,700		
		5,000	5,000	
			2,700	

　　從上面的總帳可以歸納出以下的資產負債表，這代表該公司在這個營運期間結束時的情況。

資產		負債	
現金	2,500	股本	5,000
存貨	2,200	損益公積	2,700
應收帳款	3,000		
	7,700		7,700

[第三章]

總資產與總負債

觀念！

　　列在資產負債表上的總資產和總負債，只能讓人大略瞭解公司的規模。資產負債表的總和很容易因企業將無形資產的價值設定得過高而遭到膨脹，而且，固定資產價值的帳列金額也經常嚴重灌水。不過，我們發現多數體質強健的公司要不是完全沒有把商譽（商譽是這類公司最重要的資產之一）列在資產負債表上，不然就是只列一個名目價值（通常是1元）。最近業界新發展出一種固定資產（也就是廠房科目）沖銷做法，它是將固定資產（或廠房科目）沖銷到零為止，以便節省折舊費用。因此，一個企業的實際資產價值和資產負債表上所列的總和根本是完全不同的。

　　一個公司的規模可能是以其資產或銷貨收入來衡量。不管是採取哪一個標準，數字的重要性完全都是相對的，而且必須根據產業的背景來做判斷。例如一個小型鐵路公司的資產一定會超過一個大型百貨公司的資產。從投資的觀點來說，尤其是高投資等級債券或優先股的買家，應該更重視企業規模大小的問題，投資工業公司領域時更應該重視這一點，因為工業領域的小型企業比鐵路或公用事業產業裡的小公司更可能因突發性變故而受創。但如果是為了賺取投機性的利潤或長期資本利得而買這些公司，就不一定要那麼堅持購買具有主導規模的公司，因為過去有無數例子顯示，小型企業的成長性遠比大型企業高。畢竟這些大型企業本身在它們的規模相對較小的時代，也曾是最好的投機機會。

[第四章]

股本與公積

　　誠如先前說明的，股票持有人對一個企業的所有權或權益是以「股本與公積」的名稱列在帳簿上。以簡單的例子來說（以前每個企業大致上都採取這種方式），股東所繳納的資金被稱爲股本，而盈餘當中沒被用來發放股利的部分則被稱爲公積。股本是以股票數量來表達；有時候公司只會發行一種類型的股票，有時候則發行很多種類，這些股票通常稱爲優先股或普通股。股票可能使用到的其他名稱還包括A級股、B級股、遞延股票、創辦人股等。我們不可能從表面名稱得知不同種類股票所享有的確切權利和限制，不過，從公司憲章的條文裡就可以完全確知這些股票所代表的意義，而公司憲章的條文是彙總在投資人手冊或其他統計記錄與參考書籍中。

企業的股票可能是採特定面額或零面額。以單純的情況來說，我們可以從面額看出股票的原始認購人每股繳納了多少資金來換取手中的股票。相較於一個有100萬股，面額5元的公司來說，一個擁有100萬股，面額100元的公司的投資金額可能是大很多。不過，就現代企業組織來說，投資人通常很難透過每股股票面額或股本金額來取得對公司的最低程度瞭解。原因是，現在的股本數字通常遠比股東實際繳納的金額低很多，而他們繳入的餘額（股本以外的金額）會被列示為某種公積。股票本身可能是採用零面額，這表示理論上來說它們不代表特定金額的繳款，只代表總權益中的某特定比例的股份而已。現在很多企業都會採取武斷的方式為它們的股票指定一個低面額，主要目的是為了節省公司註冊費用和移轉稅。

我們要舉一個例子，這個例子也許可以闡述以上相關運作模式：假設一個企業的股東繳納了1,000萬元，換得10萬股股票。根據以前的程序，股票的面額無疑是100元，所以資產負債表上將呈現：

股本─10萬股─面額100元 $10,000,000

但依照最近的做法，股票可能是採零面額，所以這個分錄可能是：

股本－10萬股，零面額。設定價值 $10,000,000

　　另外，公司內部人事可能已經武斷地決定將股本設定在一個較低金額，例如實收資本的一半。在這種情況下，分錄將被記為：

股本－10萬股，零面額，設定價值 $5,000,000
資本公積（或實收資本公積）........................... 5,000,000

　　最「新潮」的做法是武斷地為股票指定一個低面額，如5元。這樣一來，就會出現以下這種怪異的資產負債表內容

股本－10萬股，面額5元 $500,000
資本公積 9,500,000

　　所以，以現代的資產負債表來說，股本和公積的差異可能是很沒有意義的。就多數的分析目的來說，最好是將股本和其他各種公積項目整合為一個數字，再根據這一個數字來分析股東的總權益，這樣會比較好一點。

觀察期初的資本公積後再追蹤公積變化

[第五章]

財產科目

一個股份有限公司的財產科目包括土地、建物、各式各樣的設備和辦公室陳設與裝備。這些通常被稱為「固定資產」——只不過其中某些資產其實是動產，如火車頭、漂浮設備或一些小型工具等。以前，人們習慣將財產科目列在資產負債表資產那一邊的最上端，不過，現在最常見的做法是將現金和其他流動資產列在前面，接下來才列固定資產。財產科目佔總資產的比例因企業業務型態的不同而有很大的差異。鐵路公司的財產投資非常大，但專利藥品公司的財產科目卻可能只佔總資產的一小部分。舉個例子，艾奇遜－托皮卡－聖大非鐵路公司（Atchison Topeka & Santa Fe Railway Company）的財產科目佔總資產的88%，但藍伯公司（Lambert Company）的財產科目僅佔

總資產的15%。

　　較有制度的會計做法會要求以實際成本或公平價值（如果公平價值絕對低於成本的話）列示資產。但如果一項資產的價值絕對超過成本，它可能會受到重估，並以較高金額列示在帳冊上。通常要判斷固定資產的公平價值是有困難的，因為市場上並沒有專門為交易這類資產而設置的現成市場。所以，多數股份有限公司習慣以成本來設定他們的財產科目，完全不管在報表制訂日時，這個成本金額是否能允當代表財產的公平價值。不過，在某些情況下，企業會在某一天進行財產科目的重估，所以資產負債表上所呈現出來的財產金額也可能高於或低於財產的成本。

　　此外，在某些情況下，企業也可能以武斷的金額來列示固定資產，此時帳列價值和實際成本的後續公平價值之間並不存在明顯的關係。舉個例子，美國鋼鐵公司的財產科目原本被標高（也稱膨脹）了六億美元，這導致普通股的帳面價值遭到虛灌，因此，帳面價值當然遠遠超過股票的最初市場價格。人們經常以「摻水股」一詞來形容這種遭到膨脹的資本結構（後來，美國鋼鐵公司以各種不同用來抵銷盈餘和公積的特殊費用來沖銷這筆「灌水價值」）。

因此很顯然的，我們不能過於認眞看待固定資產的帳面價值。由於這些分錄非常不可靠，結果迫使大眾的意見朝向另一個極端靠攏，導致我們發現目前的證券買家們通常不太重視財產科目，對整個資產負債表的關注程度也相對較低，只特別重視營運資金水位的問題。而目前眾人最重視的是盈餘記錄。不過，我們的建議是，儘管不能以表面價值來評估財產科目，但也不能完全忽略它，若要眞確評估一個公司的證券價值，還是應該給予其固定資產合理的評價。

［第六章］

折舊與折耗

固定 Asset 裡土地最值錢

（土地以外的所有固定資產都難逃因老化與使用而產生價值逐漸折損的問題）。針對這種價值的折損所提列的折讓項目（allowance）包括折舊、過時與廢棄、折耗和攤銷。折舊適用於建築物與設備的正常損耗。每年應提列的折舊費用金額是根據財產的價值（通常是以成本列示）、預期使用年限以及這些財產報廢後所剩下的殘值或廢棄價值所計算出來的。

例如：如果一部機械的安裝成本為十萬元，預期耐用年限為六年，最後的殘值可能是一萬元，那麼這部機械的年度折舊費用將是九萬元（十萬減一萬）的六分之一，也就是說，年度折舊費用為一萬五千元。

經常會有新發明或改良的產業的設備很快就變得過時——即使設備本身可能依舊能夠繼續服役。所以，汽車和化學等產業的公司應該在正常折舊以外，另外再提列過時費用。在這種情況下，這兩個項目的金額會併在一起列示，只列出一筆金額。

各種重要資產的常見折舊率包括：建築物2%–5%；機械7%–20%；家具與固定裝置10%–15%；汽車與卡車20%–25%等。

年度的備抵折舊是列為損益表的一種費用或減項。另外，它也會被列入資產負債表，成為累積折舊準備的加項。折舊準備可能是直接從固定資產（左手邊）中扣除，或者列在負債那一邊，做為一種抵銷科目。

財產的原始或調整後成本（不含備抵折舊）稱為價值毛額。將這個成本減去應計折舊後，稱為淨值。當財產報廢後，其價值毛額將會從財產科目減除，而針對這項資產提列的應計累積折舊也會從折舊準備中扣除。這也說明了為何資產負債表上的折舊準備增加金額不等於每年的全額折舊費用（抵銷盈餘用）。如果財產在提完折舊以前就報廢，就會產生一個「財產報廢損失」，這個項目通常是用來折抵公積（不是折抵當年度的盈餘）。

折耗是一種和折舊很類似的折讓項目，它代表已被取出地面的天然資源之價值。礦業、石油和天然氣公司都會有這種科目。折耗費用取決於許多法律與會計細節。所以，證券投資人很難清楚判斷被列在報告上的折耗費用是否允當。有關折舊和折耗費用的完整討論，已超出本書的範圍。不過，我們將會在稍後的章節提到針對損益表提列超額與不當費用的問題（第十五章）。

每年針對折耗所提列費用的金額可能還是會發放給股東，做爲股利的一部分。這種付款有一種專門的稱呼，稱爲「退還股本」，而這種退還金額通常不會被列入股東的課稅所得裡。

[第七章]

非流動資產

　　很多企業都會持有對其他企業的重要投資，這些投資是以證券或貸款的方式存在。某些投資屬於同一種類：企業以一般買家的姿態買進證券——也就是有價債券和股票，這是為取得收益或市場利潤而持有，而且可能隨時會賣出。這種投資通常被列為流動資產中的「有價證券」。

　　不過，其他投資的目的則是和公司業務有關，這些投資包括關係企業或子公司的股票或債券，或者對這些企業的放款或借款。合併資產負債表中會將百分之百持股的子公司從持有證券中扣除，但會納入子公司的實際資產和負債，將之視為母公司的一部分。不過，對於只持有部分股權的子公司和關係企業，資產負債表上可能是以「非流動投資與借款」的名稱來表示，即使是合併資產負債表亦如

此列示。

　　這些項目通常是以成本列示在資產負債表上，只不過，企業經常會針對這些項目提列準備金，所以這些投資的列示金額會因準備金的設置而降低；另外，相關投資金額增加並促使累積盈餘上升的情況比較少見。要衡量這些投資的實際價值是有困難的，不過既然它們會被列在資產負債表，就可見得這些項目可能是很重要的，所以應該特別花一點心力取得和這些項目有關的額外資訊。

　　有些投資是介於一般有價證券與對關係企業的典型非有價永久性承諾之間。這種介於兩者之間的投資的例子有；杜邦大量持有通用汽車的股權，或是聯合太平洋公司大幅度投資其他鐵路公司的證券等。這種持股將出現在雜項資產上，而不是流動資產，因為公司將這些項目視為永久性的投資，只不過在滿足某些目的（例如計算每股速動資產時）的情況下，可以將這些投資視為約當有價證券。

［第八章］
無形資產

　　顧名思義，無形資產是指觸摸不到、無法秤重或衡量的資產。最常見的無形資產是商譽、註冊商標、專利權和租賃權。我們可以利用永續經營價值的概念來適當釐清商譽的概念（與一般資產的差異）。所謂永續經營價值是指一個基礎雄厚且成就非凡的企業所具備的特殊利潤創造特質。註冊商標和品牌是一種較爲明確的商譽，通常也被列爲商譽的一部分。投資人應該要能分辨出有列出商譽與未列出（通常是未列出）商譽的資產負債表之間有何差異，也必須瞭解商譽的衡量方式，以及企業證券的市場價格如何反映商譽這個項目。

　　不同公司在處理資產負債表上的商譽時，有可能採取極端不同的方式。當今最常見的做法是：完全不提及這項

資產，或是以1元的名目金額加以列示。不過在某些情況下，商譽是以確定的成本向一個企業的前任所有權人取得，那麼在這種情況下，參照其他資產的方式，以成本來列示商譽的做法是可行的。不過，比較常見的做法是一開始以某種武斷的金額將商譽登錄在帳冊中，這個金額通常超過它當時的公平價值，低估的情形比較少見。

現代的趨勢是不在資產負債表上提列任何商譽金額。很多一開始有提列大額商譽的公司，現在也已經將這個項目沖銷到1元（公積或甚至它們的資本科目則同步降低）。

沖銷商譽的目的不代表商譽的目前實際價值比以前還要低，原因只在於經營階層決定採取較為保守穩健的會計政策，如此而已。這一點說明了股份有限公司會計帳務的眾多矛盾之一。在多數情況下，企業會選擇在公司的情況改善之後才開始沖銷商譽，但這也意味屆時商譽價值已經比一開始更高（原本較無價值）。

舉伍沃公司（F.W. Woolworth）為例：

當伍沃公司第一次對公開大眾銷售普通股時，該公司列在資產負債表上的商譽金額是5,000萬元。不過，從當時的股票市場價格來看，人們認為它的商譽只價值2,000萬元。多年後，該公司將商譽沖銷（分多次攤提）到只剩1元，多次以累積盈餘來沖銷這5,000萬元的商譽。不過，

最後一次在1925年沖銷商譽時，該公司的股票市場價格卻顯示公開大眾對其商譽的評價超過3億元。

專利權是比商譽更確定的一種資產形式。不過，要判斷任何一個時間點的專利權公平價值（眞實價值）是極端困難的，尤其我們根本就難以釐清企業的獲利能力究竟有多少是來自於它所控制的專利權。我們幾乎無法從列在資產負債表上的專利價值金額來探究它的實際價值。

「租賃權」項目理當是要表達為享受有利租金條件（也就是租金比承租相似面積的其他空間低）而握有的長期租賃權的金額價值。不過，在房地產價值下跌的階段，長期租賃權比較可能變成負債，而非資產，所以投資人必須謹慎評估這些資產的提列價值是否允當。

一般來說，資產負債表上的無形資產數字愈低愈好，最好是零。這種無形資產可能價值不斐，但要探究它們的價值，比較好的方式是透過損益表，而非資產負債表。換句話說，我們要查的是這些無形資產的獲利能力，而不是它們被列在資產負債表上的評價，這一點眞的很重要。

和巴菲特批個總之你還是需要檢視無形資產的組成為何才來評斷較客觀

鎂在於 無形資產 減損的獲利能力

［第九章］
預付費用

　　通常是指一個公司為取得一段特定期間內的服務而預先支付的費用。舉個例子，一個企業可能承租了一棟建築物，並事先支付一整年的租金 5 萬元。它將在年初的資產負債表上的資產項目中列出這一筆 5 萬元的資金，名稱為預付租金。接下來，它每個月會從那個月的公積盈餘中扣除這筆金額的十二分之一，並同時自預付租金數字中扣除這筆金額。所以到年底時，這筆 5 萬元的預付租金將被沖銷到零，那時的資產負債表上就不會顯示這個項目。不過，年中的資產負債表上將會列出——預付費用……2 萬5,000 元。

　　相似的，公司可能事先就它要借入一段時間的資金支付利息。在期初時，資產負債表上將列出一整筆預付利息

金額，接下來，在公司使用這筆資金的期間裡，逐步將這筆預付利息金額予以沖銷。有時候稅金和薪資也會採預付的模式，這些項目也會採取相同的處理方式。某個公司可能預先針對1937年一整年支付4萬元的廣告費用。1936年12月31日的資產負債表上將會把這筆4萬元列為預付廣告費；這些費用將在1937年期間逐步被沖銷。多數公司會保各種不同的險，這些保險的保費當然也都是事先支付的。在開始保險時，預付保險費是以全額列在資產負債表中，而在受保障的期間內，這些費用將逐步被攤銷到零（也就是保障期間結束）為止。

通常一個大型企業的資產負債表會將上述所有不同的預付項目全部歸納為一筆金額，以預付款或預付費用來加以統稱。從預付費用的本質來說，這個項目的金額傾向於只佔企業總資產的較小比重。在分析資產負債表時，「預付費用」的重要性不高，不過我們還是可以從中得知企業推動業務的某些資訊。

［第十章］
遞延費用

通常企業比較偏好以一段期間來沖銷某些費用，而不喜歡一次從盈餘扣除這些費用。這種費用被列在資產負債表的資產端，名稱為遞延費用。看起來遞延費用和預付費用好像非常相像，不過事實上，預付款項是一種特殊型態的遞延費用，這種費用讓：(1)公司有法定權利取得已預先付款的服務；(2)在服務取得的特定期間內沖銷相關的費用。相對的，遞延費用通常不代表任何取得服務（費用因這些服務而產生）的法律權利，而且這種費用的沖銷（沖銷盈餘）是完全根據公司所批准的任何一個比率來進行。

舉個例子，第九章那個預付5萬元租金的公司因搬遷到新建築物而產生了1萬5,000元的費用。該公司並沒有

從搬遷當月份的盈餘中將這筆費用扣除，而是針對這些費用設置一個遞延費用科目，在一段期間內加以沖銷。只要該公司繼續留在新建築物裡，它就繼續受惠於這筆搬遷費用，所以，經營階層可能會決定逐步沖銷這筆遞延的費用。

開辦新公司時所發生的費用通常也會被設置為一項遞延費用——開辦費。另外，發行債券的費用也是採取一樣的做法，尤其是面值和公司收入款項之間的差額（折價）部分，這可能被列示為遞延費用，並採用「未攤銷債券折價」的名稱。這個項目將會在債券的存續期間內逐步攤銷。（不過，在很多情況下，所有債券折價都會立即被視為公積的減項而予以扣除，或者可能武斷地選擇一個時間，一次沖銷剩下的折價金額）。沖銷其他遞延費用的做法非常多，可說莫衷一是。

雖然這些遞延費用是列在資產負債表的資產端，但其實並非有形資產。事實上，一般性的遞延費用都像商譽一樣，幾乎是無形的。

[第十一章]
流動資產

　　流動資產是可以立即變現的資產，或者是指傾向於可在適當的業務時點以合理的短時間（通常是指一年以內）轉換爲現金的資產。有時候這些資產被稱爲速動或浮動資產。流動資產可以分成三大類資產：(1) 現金與約當現金；(2) 應收款項——也就是因公司銷售商品或服務而產生的應收回金額；(3) 爲銷售目的而持有的存貨，或爲了轉換爲待售商品或服務而持有的存貨。這些資產將在企業的營運過程中逐漸轉變爲現金。舉個例子，在後續的資產負債表中，目前的存貨將會變成現金或應收款項，而目前的應收款項可能已經變成現金。流動資產通常是依據它們的流動性高低，依序列示在資產負債表中。

　　爲了更詳細描述這個項目，我們列出以下流動資產項

目清單,而爲了方便性的考量,我們也將這些資產歸納爲上述三大類資產:

(1) 現金與約當現金

　　庫存現金或銀行存款（包括定存單）

　　短期放款 ⎫
　　　　　　 ⎬（以有價證券做擔保）
　　定期放款 ⎭

　　政府與地方自治區證券

　　其他有價證券

　　特殊存款

　　保單的現金解約金

(2) 應收款項

　　應收帳款

　　應收票據

　　應收利息

　　代理商應付款項

　　無法測量的服務（公用事業）

(3) 存貨

　　成品存貨（可供銷售）

　　在製品（可轉換爲成品）

　　原料與用品（消耗性）

　　某些應收款項的流動性可能相對比較不那麼高——例如主管人員與員工應付款項，包括認購股票的金額。如果公司無法在一年內收到這些科目的金額，它通常就不會把這些項目列在流動資產項目下。

　　然而，企業習慣將應收分期付款科目的整筆金額列入流動資產，儘管其中一大部分可能距離資產負債表結帳日一年後才到期。相似的，儘管某些存貨項目的周轉速度較低，但全部的商品存貨也都會被列到流動資產項下。

［第十二章］
流動負債

　　流動負債與流動資產相對應，被列在資產負債表的另一端。大部分的流動負債是因企業經營各項日常業務時所產生，所以想必當然得在一年內完成還款。此外，所有其他在一年內到期的各種負債也都會被納入流動負債。我們將比較重要的流動負債列舉如下：

應付票據、帳單或貸款（包括尚未償還的銀行貸款、商業本票等）

應付承兌票據

應付帳款

應付股利與應付利息

一年內將到期的債券、抵押貸款或分期償還負債，包
括要求贖回者

顧客、關係企業、股東等貸款

消費者保證金

無人領取的支票和退款

應計利息、薪資和稅金

聯邦所得稅準備

［第十三章］
營運資金

在研究一個企業的所謂「流動性狀況」時，我們絕對不會只考慮流動資產，而是會連同流動負債一併考量。流動性狀況包含到兩個重要的因素：(1) 流動資產超過流動負債的金額，也就是眾所周知的淨流動資產，或稱營運資金；以及 (2) 流動資產相對流動負債的比率，也就是所謂的流動比率。

營運資金就是流動資產減去流動負債。營運資金是研判工業型企業財務狀況的極重要因素；另外，在分析公用事業和鐵路公司的證券時，這個數字也非常重要。

營運資金是衡量一個企業手頭寬裕地得以繼續經營業務且不會面臨銀根緊縮問題、在不需要籌措新財源的情況下即可擴張營運，以及因應緊急狀況與損失，不致陷入災

難性局面等能力。廠房科目（或固定資產）的投資幾乎無助於這些需求的滿足。就最低限度來說，營運資金短缺至少會造成帳單延遲償還，進而導致企業信用評等惡化，並使得營運規模縮減、無法推動有利的業務機會；整體而言，若缺乏營運資金，企業將缺乏「扭轉乾坤」的能力，在各方面停滯不前。最嚴重的後果當然是無力償還負債，最終難逃上破產法庭的命運。

　　至於各種不同企業應保有多少營運資金才適當，需取決於其業務的規模和特性。在做比較時，最重要的是比較營運資金佔每一塊錢銷貨收入的比率。一個從事收現業務且存貨周轉率高的公司（例如連鎖雜貨公司）所需要的營運資金相對銷貨收入比率，一定比銷售重型機械製造商（付款期間較長）所需的比率低。

　　在研究營運資金時，通常也會比較它相對固定資產與資本結構的關係，尤其是相對長期負債和優先股的比例。以多數情況來說，一檔優質的工業債券或優先股理當能完全受淨流動資產所保障。在進行普通股分析時，每股普通股的可用營運資金也是一個很有意思的數字。營運資金連年成長或下降的情況，都非常值得投資人注意。*

---

*註一：若要嚴謹測試一個企業的財務情況，可以將流動資產中的存貨扣除。扣除存貨後的流動資產被稱為速動資產，速動資產減流動負債

　　相較於工業公司，外界比較不會那麼嚴格審查鐵路公司和公用事業的營運資金項目。因為基於這些服務型企業的特質，它們需要投資在應收款項或存貨（用品）的金額比較低。另外，在進行業務擴張時，這些領域的公司習慣採用籌措新財源的手段，而不是直接動用公積現金。有時候，一個業績蒸蒸日上的公用事業甚至可以允許其流動負債超過流動資產，因為它只要依據融資計畫，在稍後時間補足營運資金部位即可。

　　不過，謹慎的投資人應該還是會比較偏好營運資金情況較令人放心的公用事業公司和鐵路公司。

就是所謂的淨速動資產。通常當速動資產明顯高於總流動負債，會是比較理想的情況。

[第十四章]
流動比率

　　分析資產負債表時最常使用的數字之一是流動資產相對流動負債的比率，這個比率通常就稱為流動比率，是將流動資產總額除以流動負債總額而得來的數字。舉個例子，如果流動資產是50萬元，而流動負債為10萬元，流動比率就是5：1，也就是5。以一個狀況良好的公司來說，流動資產一定遠高於流動負債，這意味該公司大有能力應付到期的流動負債。

　　一個公司的流動比率應該要達到什麼水準才令人滿意，多多少少取決於行業的特性。一般來說，流動資產的變現性愈高，流動資產超出流動負債的幅度就不需要那麼高。鐵路公司和公用事業公司的流動比率通常不用太高，主要是因為它們的存貨很少，應收款項也很快就可以收

回。以工業公司來說，一般認為流動比率介於2：1是最低可接受的水準。不過，我們可以發現，幾乎所有證券上市公司的流動比率都超過這個標準。以下附表是各個產業最近的整體流動比率。

通常在分析流動比率時，應該進一步把存貨分離出來探討。一般要求現金項目與應收款項的總和必須超過流動負債總額（目前在分析流動資產時，會採用一個稱為「速動資產」的名詞，這是剔除存貨的流動資產）。如果公司的存貨是隨時可供出售的存貨，尤其如果它因為業務特質的緣故而導致某一個季節的存貨非常高，另一個季節的存貨非常低，那麼即使該企業無法達到這個「速動資產考驗」，也可能不是很嚴重的問題。不過，無論如何，我們在分析這類公司的情況時都應該特別謹慎，確認它的流動性狀況是否確實為可接受的。

附表
流動比率

1935年會計年度結束時之流動比率

企業家數	產業	比率值：1	企業家數	產業	比率值：1
18	煙草業	14.4	14	鐵路設備業	5.2
7	編織品業	7.9	8	貨櫃業	5.1
5	農業設備業	7.7	15	百貨公司	5.0
8	鞋類與皮革類	7.7	22	鋼鐵業	4.9
8	電力設備業	7.4	7	廣播業	4.6
20	化學業	6.9	34	汽車零組件業	4.4
20	家庭用品業	6.9	26	礦業（雜項）	4.3
12	出版業	6.9	7	烘焙業	4.2
11	辦公室設備業	6.6	4	郵購業	4.2
20	建築設備業	6.4	6	造紙業	3.9
23	製造業（雜項）	6.3	7	雜貨連鎖業	3.8
8	服飾業	6.0	27	石油業	3.8
21	工業機械業	6.0	8	運輸業	3.7
8	各種連鎖業	6.0	4	絲製品業	3.6
7	肉品包裝業	5.9	7	棉花商品業	3.5
5	羊毛商品業	5.9	4	乳製品業	3.5
12	食品業	5.7	13	汽車業	3.0
9	製糖業	5.7	10	煤業	3.0
7	飛機業	5.6	8	電影業	2.8
13	藥品與化妝品業	5.5	22	公用事業	1.9
9	橡膠與輪胎業	5.3	25	鐵路業	0.7

[第十五章]
存貨

　　一般認為無論是什麼樣的行業，擁有大量存貨的企業都是不好的。這並非絕對正確的想法，因為存貨是一種資產，而且通常一個企業擁有愈多資產是愈好的。不過，大量存貨經常會衍生各式各樣的問題。例如，這些存貨可能需要靠高額銀行借款來融通，要不然就是會不當大量耗用公司的現金。而當原物料商品價格下跌時，存貨也可能導致公司產生嚴重損失。理論上來說，存貨也可能創造類似的利潤（原物料價格上漲時，將產生貨價利益），但經驗顯示，企業產生存貨增值利益的金額很少超過存貨損失金額，再者，產生存貨利益的頻率也不像出現損失的情況那麼高。最後，異常高水準的存貨可能意味有很多商品是賣不出去的，所以企業可能必須大降價才能出清這些存貨。

　　我們可以利用存貨數字和幾個不同要素之間的關係來研究存貨問題。最主要的條件是「周轉率」，這是年度銷貨收入除以存貨。這個比率的標準因產業的不同而有很大的差異。[**]以下是不同產業的銷貨收入相對存貨的平均比率，我們可以從中大致瞭解各產業相關數字的差異區間，以及不同產業的存貨水準分別應該是多少才合理。

存貨周轉率──1934年
（年度銷貨收入除以年底存貨）

企業家數	產品	比率	企業家數	產品	比率
58	絲製品	10.1	193	百貨公司	5.9
82	鞋類製造	9.4	39	化學品	5.6
39	電力設備	8.7	34	紙類	5.5
54	汽車零組件	8.1	40	皮革	4.9
51	棉製品	8.1	23	鞋類（零售）	4.9
94	衣褲	7.6	33	出版品	4.8
34	針織品	7.2	42	硬體與工具	3.7
64	家具	7.0			

　　如果無法取得銷貨收入，就較難以就存貨因素提出較有價值的意見。不過，如果能逐年追蹤相關的數字，並就

[**]真正的周轉率是將銷貨成本除以存貨，不過一般是習慣將總銷貨收入除以存貨。所以，這種公認的「周轉率」通常會比真實的周轉率高一些。

6

葛拉漢教你看懂財務報表

各年度的存貨比率與淨利及其他流動資產與營運資金的情
況進行比較，就會變得非常有幫助。附表所列資料為1935
年年底不同產業的存貨佔流動資產總額的百分比。

財務報表
存貨佔流動資產總額之比率

產業	百分比	產業	百分比
電影業	68.9	工業用機械業	42.0
煙草業	68.2	服飾業	41.6
羊毛商品業	65.8	建築設備業	41.0
各種連鎖業	65.4	汽車業	40.7
雜貨連鎖業	64.2	食品業	39.5
棉花商品業	59.0	藥品與化妝品業	38.7
肉品包裝業	57.7	農業設備業	38.6
鋼鐵業	57.4	辦公室設備業	37.1
郵購業	56.1	電力設備業	37.0
橡膠與輪胎業	53.3	汽車零組件業	35.6
礦業（雜項）	51.6	化學業	34.4
造紙業	51.3	飛機業	32.6
鞋類與皮革業	49.8	烘焙業	31.8
製糖業	49.8	乳製品業	29.2
家庭用品業	49.2	煤業	28.1
石油業	48.7	出版業	27.8
貨櫃業	46.5	鐵路公司	26.5
編織品業	46.4	廣播業	25.6
絲製品業	46.2	廣播設備業	25.5
製造業（雜項）	44.8	運輸業	18.2
百貨公司	42.7	公用事業	17.6

［第十六章］
應收款項

　　應收款項的相對金額因產業類型與交易帳款支付慣例的不同而有很大的差異。此外，特定事業的應收款項傾向於隨著銀行信用額度的情況而改變，也就是說，當銀行界信用額度遭到限縮時，企業的應收款項將會增加，因為企業將提高它們對客戶的授信額度（超出往常的水準）。

　　研究應收款項和研究存貨一樣，都應該觀察它和年度銷貨收入的關係（如果可取得的話），另外，也應比較應收款項的逐年變化情形。如果應收款項佔銷貨收入或其他項目的比率看起來異常的高，可能意味公司的授信政策過度寬鬆，所以或多或少有可能會因呆帳而衍生嚴重的損失。

　　在檢視採用較長付款期間的商品銷售業公司時，應該
特別謹慎且詳細檢視其應收款項。這種企業包括百貨公
司、信用連鎖店、某些郵購公司和各式各樣的機械與設備
製造商（例如農業機械、卡車與辦公室設備）。很多這種
分期付款業務是透過金融公司來維持的，金融公司以賣方
的票據或保證來提供貸款的資金。通常製造業公司會以一
種「再買回協議」把應收款項出售給金融公司，在這種情
況下，不管是應收款項或對金融公司的負債都不會直接列
示在這個製造業公司的資產負債表上，只會在財務報表附
註上做註記。在分析資產負債表時，一定要把這種被七折
八扣（意指低於實際數字）後的應收款項約當資產和負債
的情況列入考量。

［第十七章］
現金

　　把現金或其他「現金資產」或「約當現金」（包括定存單、短期借款、有價證券等）分開來看，並沒有太大意義。就實用目的而言，應該將不同種類的現金資產視為可互相交換的。理論上來說，一個企業持有的現金金額不應超過一般業務交易的需求和可能突發的現金需求額度。不過，多年來企業多半傾向於持有超過業務需要的現金。很多這類超額現金是以有價證券的形式持有，而這類投資的當期報酬通常很低。由於這種投資有可能因市場的變化而產生大額的利潤或虧損，所以對一般商業與製造業務來說，持有大量有價證券的做法並不是很適當。

　　一般來說，現金短缺時是以銀行借款來因應。所以，在通常的情況下，「高銀行貸款」比「庫存現金不足」更

能凸顯出一個企業的財務窘迫度。在不景氣期間，尤其更應該比較各年度的現金部位，這一點非常重要。不過，有時候現金科目會在企業發生虧損的時期不減反增，這是因為這些企業將大量其他資產變現（尤其是存貨和應收款項等資產）所致。另外，如果現金嚴重減少或者銀行借款大幅增加（兩者是一樣的意思），也是很有疑慮的。如果出現這種情況，資產負債表上如何反映這個現金減少的情形，遠比現金減少的金額多寡更加重要。

如果企業庫存現金相對其證券的市價明顯過高，通常也需要特別留意。在這種情況下，普通股的（實際）價值可能比依照盈餘記錄來推論的價值高很多，因為這一檔股票的價值中有很大一部分應歸屬於公司的庫存現金，但這部分卻對損益表不具太大貢獻。畢竟股東到最後將可能因這些現金資產而受惠，他們有可能獲得現金的分配，也有可能因現金所創造的業務生產力而受惠。

[第十八章]

應付票據

　　流動負債總金額的唯一重要性在於它和流動資產之間的關係。我們先前已介紹過流動比率的重要性（流動資產總額除以流動負債總額）以及速動資產（流動資產減去存貨）超過流動負債的利益何在。

　　流動負債項目裡最重要的個別項目是應付票據。這通常代表銀行貸款，不過也可能是指交易科目或向關係企業或對個人的借款。一個公司向銀行貸款，並不見得就代表它的財務不健全。能在旺季期間結束後完全清償完畢的季節性借款，被視為對公司和銀行都有利的一種借款。不過，若一個公司背負永久性的銀行貸款，即使這些貸款有流動資產作保障，卻還是傾向於顯示公司需要債券或股票等形式的長期資金。

　　相較於沒有列示應付票據的資產負債表，有列示應付票據的資產負債表更需要謹慎研究。如果庫存現金金額大幅超過應付票據，那麼就可以不用太擔心，因為在這種情況下，應付票據的重要性不高。但如果這種借款遠高於現金和應收款項的總額，顯然代表公司過度依賴銀行借款。除非它的存貨具備異常高的流動性，否則這樣的情況可能值得我們疑慮。在這種情況下，應該研究過去幾年的銀行貸款，看看其貸款成長幅度是否超過銷貨收入和盈餘成長幅度。如果是，當然顯示該公司的財務狀況不佳。

［第十九章］

準備金

　　把準備金分成三類對分析財務報表很有幫助，這三種
準備金是──(1)代表多少已確定的負債；(2)用來抵銷某
些資產的準備金；(3)真正屬於公積的一部分──三種準備
金。

　　第一類準備金是為了稅金、意外索賠或其他進行中的
未決訴訟案以及對顧客的退費等而設置。即使在某些情況
下，這些準備金不會被列入資產負債表的流動負債項下
（另外獨立列示），但這些準備金多數屬於實質的流動負
債。

　　最重要的準備金是沖帳準備金（第二種），這是為折
舊與折耗而設置，我們先前已經討論過這部分。你應該還
記得，這些準備金是被列在資產負債表中的資產那一邊作

為財產科目的減項，或是列在負債那一邊。另一個標準的沖帳準備金是為抵銷應收款項的損失而設置——也就是「呆帳準備」。這個項目通常是直接從應收帳款或應收票據項目中扣除，所以，被扣除的金額經常不會被列示出來。

第三種重要的沖帳準備金是針對存貨的跌價而提列。在分析這種準備金時，一定要釐清它是反映「已經發生的跌價」，或者是反映「未來可能發生的跌價」。如果是前者，就應該以扣除這項準備金的金額來看待存貨。但如果這項準備金的設置是為了因應未來可能的存貨跌價，就應該將這個準備金視為一種或有情況的準備金，而這實際上就屬於公積的一部分。針對有價證券與其他投資所提列的準備金也和上述準備金的性質相似。總之，還是要先釐清這筆準備金是反映過去的損失，或者只是為了反映未來的潛在跌價損失。

或有準備金與其他類似準備金的存在，經常會讓人在分析企業報表時感到特別混淆，因為這種準備金會讓人弄不清楚各種損失的實際發生時間點和相關的影響。如果在某一年，一個企業針對存貨的未來可能跌價損失而設置了一筆準備金，那麼從公積而非盈餘裡扣除這筆準備金的做法似乎是適當的，因為存貨損失並沒有真的實現；不過，如果隔年存貨真的跌價了，那麼，從為這個（存貨損失）

或有事件而設置的準備金中扣除這筆損失，好像也是順理成章的做法。但到最後，即便真的發生存貨損失，卻沒有從任何一年的收益中扣除這些損失（理當該這麼做，但實務上卻只是從準備金扣除這些損失），到最後，這個做法將會導致公司的盈餘遭到高估。

　　舉個例子，如果一個公司的收益帳戶中顯示它的淨利是200萬元，不過，那一年年底的資產負債表中並未繼續列出前一年就已存在的600萬元準備金，那我們就可以合理推斷公司那一年實際上是損失了400萬元。有時候準備金會被轉回公積；當然，如果這600萬被轉回公積，公積一定會反映出這筆增加金額，在這種情況下，該公司的200萬淨利也可以視為確實的淨利數字。

　　為了避免被這些手段給蒙蔽，投資人一定要好好檢視過去幾個年度的收益和公積科目變化，適當釐清從公積或準備金扣除的金額中，哪一些才是真正屬於當期營業損失的部分，並加以承認。另外，對某些產業來說，設置存貨準備金（例如橡膠產業）是一種常態，所以投資人應該特別謹慎，不要誇大某單一年度盈餘的重要性。

　　資產負債表中有時會列出一些類似「廠房改良準備金」、「營運資金準備金」、「收回優先股準備金」等。這種準備金不代表負債，也不是任何資產的確定減項。它們顯

然是公積科目的一部分。設立這些準備金的目的通常是要暗示這些基金不能作爲分配股東紅利的用途。若是如此，這種準備金可能會被視爲「提撥公積」。

[第二十章]

帳面價值或股東權益

　　在多數情況下，一檔證券的帳面價值其實是相當人為造作的價值。因為人們假設如果公司要清算，將會收到約當公司帳面所列示的各項有形資產的價值之現金。接下來，公司依據優先償還順序，將這些金額分配給各種不同的證券，這些金額就是各種證券各自的帳面價值（就這個定義來說，「股東權益」一詞通常被用來取代帳面價值，不過，股東權益通常只適用於普通股和高風險性的優先證券。）

　　事實上，如果公司眞的將資產的價值予以變現，得到的金額非常可能遠比資產負債表上所列示的帳面價值低，例如，出清存貨時就有可能會實現可觀的損失，而且固定資產的價值幾乎一定會大幅萎縮。就實務上來說，一旦情

勢糟糕到令企業不得不決定清算整個事業時，整個大環境
應該也是很惡劣的，而這樣的環境將導致企業在處理廠房
和機械時，無法回收接近成本或重置價格的金額。

　　所以，帳面價值真正要衡量的，並非股東可以從他們
投資的事業中拿回多少錢（它的清算價值），而是衡量他
們投入了多少錢到這個事業，這當中包括未分配的盈餘。
不過在進行分析時，帳面價值還是有那麼一點重要性，因
為一項事業的投資金額和它的平均盈餘之間，確實傾向於
存在一種粗略的相關性。當然，確實也有很多個別案例顯
示，有些公司能以非常低的資產價值賺進高額的利潤，也
有些公司的資產價值龐大，但盈餘卻不多，甚至不賺錢。
不過，就算是上述情況，我們也應該注意一下帳面價值的
情況，因為一旦企業的投資資本能賺進極高額的盈餘，將
可能吸引競爭者加入，所以任何高盈餘都只會是短暫的；
相反的，即使現在的大量資產無法創造利潤，但這些資產
未來卻可能被調整得更具生產力。

[第二十一章]

帳面價值的計算

誠如先前曾說過的，人們在計算帳面價值時，會假設公司的實際資產價值就等於資產負債表上所列示的金額。事實上，帳面價值只能代表帳簿或資產負債表上所列示的價值。

舉一個簡單的例子，一個公司的資產負債表如下：

固定財產	$1,000,000	資本額	$1,700,000
商譽	500,000	公積	100,000
流動資產	500,000	流動負債	200,000
	$2,000,000		$2,000,000

在這個例子裡，資本額是由每股面額100元，共1萬7,000股的普通股所構成。若要計算普通股的帳面價值，

葛拉漢
菲股價值
無形在想
產巴
梁

以葛股以菲將
但以認為是商譽.商譽按市場上轉之無形有意義

只要將10萬元的公積加上帳列的170萬元股票價值，總額是180萬元。接下來看看資產負債表上的無形資產部分。你會看到有一筆50萬元的商譽。將50萬元自180萬元中扣除，剩下130萬元，這就是那1萬7,000股普通股所能支配的價值。有時候，這130萬元被稱為公司的「淨有形資產」。將這個金額除以股數，就可以算出每股淨帳面價值為76.47元。

如果你沒有扣除無形資產，直接將180萬元除以1萬7,000股，算出來的每股帳面價值就會變成105.88元。你將會注意到，這個「每股帳面價值」和「每股淨帳面價值」之間的差異很大。一般如果是談到一檔股票的「帳面價值」，我們通常是指有形資產或淨帳面價值。金額較大的那一個可能會被稱為「帳面價值——包含無形資產」。

[第二十二章]

債券與股票的帳面價值

　　一個有發行債券、優先股和普通股的公司的資產負債表看起來可能像以下這樣子：

固定財產	$1,000,000	7%優先股	
		（面額100元）	$600,000
商譽	500,000	*普通股	
		（零面額）	600,000
流動資產	500,000	第一順位	
		抵押債券6%	500,000
		流動負債	200,000
		公積	100,000
	$2,000,000		$2,000,000
*1萬7,000股			

　　若要計算債券的淨帳面價值（淨有形資產價值），必須將債券的數字加上優先股、普通股和公積等數字，將這筆總額180萬元減去50萬元的商譽，剩下的130萬元才可以分配給50萬元的債券。所以，每1,000元債券的淨帳面價值是2,600元。

　　要計算優先股的淨帳面價值，必須將債券扣除，只將優先股、普通股和公積加起來，並像剛才一樣，扣除商譽，最後有80萬元的淨資產價值可以分配給6,000股的優先股，所以每股淨帳面價值是133.33元。

　　在有發行優先股的情況下，計算普通股淨帳面價值的第一步是先查清楚優先股的清算價值。通常在清算（或解散）時，優先股有權得到面額以上的金額，而且，以無面額的股票來說，不管是在任何情況下，當然都必須先計算清算價值。以這個例子來說，優先股的清算價值是105元，總額是63萬元。接下來計算可分配給優先股的淨有形資產，如上所述，這個金額為80萬元，以這個金額減去優先股的總清算價值63萬元，剩下的17萬元就是可以分配給1萬7,000股無面額普通股的淨有形資產，也就是約當每股10元的淨帳面價值。

　　如果優先股還有累積股利，那麼在計算普通股（或次要優先證券）的帳面價值時，也必須將這些累積股利扣

除。有時候，如果優先股或A級股票具備參與權，就必須
針對這個特質提列折抵金額。

　　另外，有時候在企業解散的情況下，清算價值並不能
代表對盈餘的要求權，所以最好是根據能充分反映優先股
股利率的數字來評估優先股的清算價值（這可以稱為「有
效面值」）。舉個例子，在現有的情況下，即使一檔8元的
不可贖回優先股在解散時只有權取回100元，但為了計算
可供普通股分配的資產餘額，我們可以適當用5%的基礎
──也就是扣除每股約當160元的優先股清算價值。

[第二十三章]
帳面價值裡的其他項目

　　在計算一檔證券的帳面價值時，各式各樣的公積全都是單純以「公積」來處理。舉個例子，一個公司的帳面上可能列出了資本公積、提撥公積、股票出售溢價和損益或盈餘公積。這些都會被加總在一起，視為一筆公積。

　　我們在討論準備金的那一章提到，某些種類的準備金其實是公積的一部分。這些準備金包括或有事件的準備金（除非這些準備金和很可能產生且金額確定的付款或價值折損有關）；一般準備金、股利準備金、收回優先股準備金、改良準備金、營運資金準備金等。保險準備金也可以適當視為同一類，不過退休金準備通常是一種真正的負債，所以不應該列為公積的一部分。

　　這些約當公積的準備金（有時稱為無償準備金）其實根本就是公積的一部分，所以在計算帳面價值時，應該將之列入。在計算淨帳面價值時，所有無形資產都應該予以減除，而遞延費用如開辦費和未攤銷債券折價也應該予以扣除。

[第二十四章]
清算價值與淨流動資產價值

　　清算價值和帳面價值之所以會有差異，原因在於我們應該顧及清算行爲可能衍生的價值折損問題。討論鐵路公司或一般大眾公用事業的清算價值似乎是很不切實際的，然而，我們卻可以相當精確的計算出銀行、保險公司或典型的投資信託公司（或投資控股公司）的清算價值；而且如果清算價值的數字大幅高於市場價格，那這個事實可能就隱含重大意義。

　　以工業界的公司來說，清算價值可能不見得是個有用的概念，這取決於資產的本質和資本結構。如果流動資產佔總資產的比例相對較高，且優先於普通股的負債相對極小，那就特別有意思了。因爲在清算時，流動資產的價值折損程度通常會比固定資產低很多，根據過去某些清算案

例，固定資產的實現價值大約只足夠彌補流動資產價值減
損的部分而已。

　　所以，一個工業公司的證券的「淨流動資產價值」很
可能就約略等於其清算價值。清算價值是將淨流動資產
（也就是營運資金）減去所有優先證券的完整要求權。如
果一檔股票的價格遠低於它的淨資產價值，這個現象背後
所隱藏的事實通常很重要，只不過，這也無法證明這一檔
股票的價格絕對是遭到低估的。

[第二十五章]
獲利能力

　　進行證券分析時，除了銀行、保險公司和投資信託公司（這類公司特別明顯）領域以外，帳面價值或清算價值的重要性通常不高。以絕大多數的情況來說，一項投資的吸引力或成就，還是取決於它背後的獲利能力。所謂「獲利能力」是指在合理的範圍內，未來一段期間內預期可能會賺得的獲利。由於未來多半是無法預測的，所以我們通常被迫要採用當期與過去的獲利來作為指南，並利用這些數字做為合理估計未來獲利的基礎。

　　如果企業多年來一直都維持相當正常的業務狀況，那麼，以那段期間的平均獲利作為指標可能會比只用當期獲利數字作指標來得好一點。尤其如果你的目的是要判斷一

檔債券或優先股是否爲安全的投資標的時，更應該這麼
做。

　　接下來幾章將討論損益表的幾項要素。

[第二十六章]

典型的公用事業損益表

　　以下是一個公用事業控股公司及其子公司的合併損益表。這可以視為這個產業的典型報表。

美國瓦斯與電力公司		
1935年12月31日（會計年度結束）		
營業收入總額		$64,936,196
營業費用	$20,379,243	
維修費用	3,542,460	
折舊費用	8,730,973	
稅金	8,664,795	
營業利益		23,618,725
其他收益		728,672
其他收益（母公司）		279,629

收入總額		24,627,026
母公司各項費用（包括稅金）	467,265	
可供支應固定費用之餘額		24,159,761
子公司優先股股利	3,104,342	
利息與其他減項（子公司）	7,936,175	
利息與其他減項（母公司）	2,562,802	
淨利		10,556,442
優先股股利	2,133,738	
普通股股利	6,267,073	
公積加項：		
各種貸項		40,862
公積減項：		
債券贖回溢價與尚未攤銷之		
折價及費用	306,441	
已清算子公司之公積科目的		
貸項餘額沖銷	47,612	
各項貸項：		
其他公司的股票與債券之帳面		
價值調整	87,397	
前一年度稅金	33,496	
各種借項	1,417	
年度公積增加數		1,720,509
前一年度公積		66,609,188
損益公積（依照資產負債表）		68,329,732

　　我們要稍加解釋這份損益表裡的各種項目，這些解釋應該會有一點幫助。

　　營業收入總額或營業收入毛額通常可以分成幾個不同來源的收入，例如電力、瓦斯、水、運輸等。營業費用則包括原料、人工、行政（經常費用）等成本。維修與折舊費用留待稍後再討論。稅金通常可以分為地方、州與雜項聯邦稅金，以及聯邦所得稅等。

　　其他收益來自對顧客的銷貨收入以外的收益，通常是指投資收益，以控股公司的例子來說，這是指向子公司提供各項服務所收取的費用。

　　固定費用裡的其他減項包括債券攤銷和（有時候）承租財產的租金。

　　子公司優先股股利是指配發給握有優先股之公開大眾的股利，也就是說，這些股票並非掌握在母公司手中。相似的，「少數股東權益」代表子公司盈餘當中應歸屬給公開大眾持股的部分。（當然，絕大多數的普通股是由控股公司所掌握）。

　　公積的加項並未全數被納入收益科目，這些加項和單年度營運並無明確的關聯性，例如過往年度的稅金調整與過去設置的準備金之調整、退費等。

相似的，公積的減項包括出售證券的損失和財產報廢損失、發行證券的費用、一筆沖銷債券折價等。我們必須詳細檢視從公積中扣除的項目，看看這些減項是否和幾年期間內的實際盈餘有關。

[第二十七章]
典型的工業公司損益表

美國軋鐵公司
1935年12月31日，（會計年度結束）

銷貨收入淨額		$76,799,000
銷貨成本	$56,251,000	
銷售、一般與行政費用	5,631,000	
維護與維修費用	5,858,000	
針對問題帳戶費用所設置的準備金	174,000	
租金與權利金	128,000	
稅金（非所得稅）	660,000	
營業利益		8,097,000
其他收益（淨額）		1,391,000
收益總額		9,488,000

折舊與折耗費用	2,076,000	
所得稅	615,000	
利息與債券折價	2,483,000	
少數股東權益	4,000	
淨利		4,310,000
優先股股利	348,000	
普通股股利	1,068,000	
公積的雜項加項		130,000
公積的雜項減項	1,830,000	
本年度公積增加數		1,194,000
前一年度公積		14,634,000
損益公積（1935年12月31日）		15,828,000

　　銷貨收入淨額代表銷貨收入減去商品退貨與折讓。這裡的銷貨成本是工廠成本，包括人工、原料與工廠經常性費用，不過，在這個報表中，維護費用是獨立列示的。本損益表中的其他項目不需解釋也已經很清楚。以這個例子來說，優先股股利是每股12元，總額為23萬2,000元，這是由於累積過往股利的緣故。正常的年度優先股股利只要11萬6,000元。

[第二十八章]
典型的鐵路公司損益表

　　所有鐵路公司都必須遵循州際商務委員會（Interstate Commerce Commission）的規定，提交制式的報告。這種報告的內容鉅細靡遺，我們無法將之全數詳盡地條列出來。以下是經過壓縮的報告，當中只顯示損益表中較重要的元素。

聯合太平洋鐵路公司		
1935年12月31日，（會計年度結束）		
營業收入總額		$12,9405,000
鐵道與結構維修費用	$15,510,000	
設備維修費用	23,924,000	
其他營業費用	53,968,000	93,402,000

營業收入淨額		36,003,000
稅金	9,967,000	
無法回收之營業收入	46,000	10,013,000
鐵路營業利益		25,990,000
設備租金（淨額）	6,865,000	
共用設施租金（淨額）	510,000	7,375,000
鐵路營業利益淨額		18,615,000
其他收益：		
利息與股利收入	14,329,000	
雜項收入	924,000	15,253,000
收益毛額		33,868,000
雜項減項		813,000
可用於支應固定費用之收益		33,055,000
固定費用：		
長期負債利息	14,438,000	
其他費用	82,000	14,520,000
淨利		18,535,000
優先股股利	3,982,000	
普通股股利	13,337,000	
償債基金	10,000	17,329,000
		1,206,000
公積加項——各項貸項		106,000

公積減項：		
報廢財產損失	5,980,000	
雜項借項	285,000	6,265,000
年度公積減少淨額		4,953,000
1934年12月31日損益公積		
（依照資產負債表）		254,178,000
1935年12月31日損益公積		
（依照資產負債表）		249,225,000

　　以上所採用的項目標題都是依據州際商務委員會的規定所指定的名稱。其中某些較重要的項目的通俗名稱如下：

官定名稱	通俗名稱
營業收入總額	收入毛額或營收毛額
鐵路營業利益	稅後淨額
鐵路營業利益淨額	扣除租金後的淨利
淨利	可供發放股利的餘額

　　共用設施租金代表與其他運輸業者共同使用車站設施或軌道所支付（借項）或收到（貸項）的某些金額。固定費用不僅包括債券利息，也包括其他利息支出和承租鐵道路線（營業系統中的一部分）的租金。雜項減項包括為非鐵路財產所支付的稅金，以及特定保證費用等。

［第二十九章］

計算盈餘

　　在研究一檔債券的價值時，最重要的數字是：利潤相對總利息支出（與約當利息支出）的倍數。和債券利息本質相同的支出（如其他利息、租金、債券折價攤銷等）都應該列入，接下來再計算這些「固定費用」的保障倍數。在面對公用事業與其他控股公司的債券時，通常必須將子公司的優先股股利視為固定費用，因為子公司支付這些費用後所剩下的利益才能歸屬母公司的債券。

　　當然，計算利息或固定費用保障倍數的方法，就是將可用來支應這些費用的盈餘除以這些費用。嚴格來說，所得稅不應該先從盈餘中扣除，不過，通常這樣做比較方便，而且算出來的結果也比較符合保守原則。通常計算可供支應固定費用的盈餘的方法是：將可供發放股利的餘額

（淨利）加上固定費用。

以優先債券的情況來說，也應該計算不考慮次級債券費用的利息保障倍數。不過，這只能作為補充數字，而且一定要和總（整體）保障倍數同時進行考量。此外，不能以扣除優先債券應得收入後的收益來計算次級債券的保障倍數，這樣絕對是錯誤的。這樣計算出來的結果極具誤導性，而且如果次級債券很少，會讓人以為次級債券比優先債券更安全，這顯然是很不合理的。

如果沒有比優先股更具優先權的債券，可歸屬優先股的盈餘就可以用每股金額顯示，也可以用股利保障倍數來顯示。只要將可供發放股利的盈餘除以優先股股數，就可以算出每股盈餘。不過，如果還有尚未清償的債券，在計算優先股股利保障倍數時，就必須同時將固定費用或利息費用列入考慮。換句話說，你必須計算盈餘約當固定費用加優先股股利的總額的倍數。在這些情況下，常見的做法是將優先股股利分開計算，不過，如果是純為投資目的而買進的證券，這個方法就不正確，而且可能產生嚴重的誤導性結果。

普通股盈餘通常是以每股盈餘的方式來表達，而且當然是扣除優先股有權取得的完整年率之股利（包括所有的參與特質）後，再計算普通股盈餘。（在計算可發放普通

股股利的盈餘時，並不會自當期盈餘中將優先股過往年度的股利扣除，不過這種累積股利的存在當然一定要列入考慮）。

財務報表
盈餘的計算1935年

	範例A 美國瓦斯與 電力公司	範例B 美國軋鐵 公司	範例C 聯合太平洋 鐵路公司
可供支應固定費用的盈餘	$24,159,761	$6,793,000	$33,055,000
固定費用總額	13,603,319	2,483,000	14,520,000
盈餘約當固定費用的倍數	1.78	2.73	2.28
固定費用與優先股股利	15,737,057	2,595,000	18,502,000
盈餘約當優先股股利的與 　固定費用的倍數（整體）	1.54	26.1	1.79
可供發放普通股股利的餘額	8,422,704	4,198,000	14,553,000
流通在外股數	4,482,738	1,853,000	2,223,000
普通股每股盈餘	$1.88	$2.26	$6.55

　　附註：上列可用於支應固定費用的盈餘已扣除聯邦所得稅與少數股東權益。這是最保守的處理方法。

　　美國軋鐵公司的優先股股利是以正常的6元列示，沒有考慮到1935年付清的累積股利；美國瓦斯與電力公司的

優先股股利是以正常年率列示。優先股每股盈餘的慣常計
算方式如下：

	範例A	範例B	範例C
可供發放優先股 股利之餘額	$10,556,442	$4,310,000	$18,535,000
優先股股數	355,623	19,324	995,000
優先股每股盈餘	$29.68	$223.05	$18.62

　　看待上述計算時，應該抱持保留態度，而且只有在
計算固定費用與優先股股利兩者總和的保障倍數時，才
可以使用這種計算方式。

［第三十章］
維修與折舊因子

　　完整的損益表分析必須將許多因素列入考量，但本書並沒有那麼多篇幅可以使用。不過，我們一定要討論一下維護與折舊費用。如果針對這些項目提列的備抵金額過多或不足，都很容易會高估或低估淨利。對鐵路產業來說，維護費用的數字更是極端重要。常見的維護費用數字（鐵道與設備兩者合計）大約佔收入毛額的32%到36%。若大幅偏離這個區間，代表相關的公司可能必須調整提報盈餘，而且無論如何都必須進行更深入的分析。

　　以公用事業來說，備抵折舊是最重要的。雖然折舊費用可能是佔廠房科目的某個特定百分比，但比較方便的做法是研究它和收入毛額的關係。通常折舊費用佔收入毛額的8%到12%是適當的。有些公司在對股東提報的報表中

會採用一種所謂的「報廢準備」，這個金額一定比正常的「直線」折舊費用的金額低很多，而採用直線折舊法主要是為了稅賦上的考量。這種差異值得我們謹慎留意。它可能意味：如果以較保守的角度考量，該公司的債券並不像表面上看起來那麼安全，或者實際允當的普通股盈餘和公司向股東提報的數字不符。

工業公司的備抵維修與備抵折舊不像鐵路公司和公用事業的備抵維修和折舊那麼重要。近幾年來，有一個荒謬的趨勢正在發展──企業會大幅度沖銷廠房科目，有時候甚至沖銷到1元，以「節省」年度折舊費用，好讓淨利數字看起來高一點。這完全是在愚弄股東，因為不管帳面價值有多低，還是必須從盈餘中扣除一整年裡實際發生之磨損的公平價值。

在某些罕見的情況下，會出現超額的折舊費用，這可能是因為公司採用的折舊率過高，也可能是因為使用的折舊基準價值遠高於重置成本。另外，在某些特殊的情況下，如果一個投資人能夠以約當於企業流動資產價值的價格買進股票，完全不須為廠房支付任何費用，那麼他私下在計算公司的價值時，當然可以忽略或大幅降低公司的折舊費用。相似的考量也適用於公司的備抵折耗。

　　企業界折舊提列金額的最新資料是1933年的資料。那一年有72個企業是屬於開採提煉業如礦業、石油業等，它們提報的折舊、折耗與廢棄費用佔1932年12月31日淨財產價值的71%。這個數字應該可以用來作為適當的比較標準。在非開採提煉業，如製造業等，80個相關企業在1933年提列的折舊與廢棄費用平均約佔淨財產價值的4.5%。另外，37個從事零售貿易業務公司的1933年折舊與廢棄費用平均約佔淨財產價值的5.2%。一般來說，非開採提煉業折舊費用佔淨財產價值的適當比率應該是5%左右。

[第三十一章]
利率和優先股股利的保障度

　　在分析一檔投資等級的債券時，固定費用保障倍數是主要的評估條件。以高投資等級的優先股來說，應該考量的是固定費用與優先股股利總和的保障倍數。在分析時，最好是採用十年平均值，不過如果採用的期間較短，那麼完全異常的年度如1931年和1932年的數字就應該予以剔除。我們建議投資等級債券和優先股應該符合以下最低「完全保障倍數」（這些數字比先前說的更高一點，不過在選擇投資標的時，保守一點絕對是無害的）

最低平均盈餘保障倍數

	債券	優先股
	盈餘相對固定費用總額的倍數	盈餘相對固定費用加優先股股利總和的倍數
公用事業	1¾	2
鐵路公司	2	2½
工業公司	3	4

　　在針對損益表進行投資分析時，一定要注意以下額外因素：(1)營業費用率，也就是營業費用除以營業收入或銷貨收入總額。這個數字是用來衡量一個企業的營業效率，也可以衡量企業承受銷售量或售價下降的能力；(2)固定費用（或固定費用與優先股股利）相對營業收入毛額的比率；(3)維修與折舊費用；(4)從公積中扣除但卻未被納入損益表的費用金額及其本質。

　　在研究這些數字時，一定要就同一領域的不同公司進行比較，也必須比較同一公司前幾個年度的情況。

［第三十二章］

趨勢

　　損益表中某些重要因子在一段時間內前後一致的變化就稱爲趨勢。最重要的趨勢當然是利息與優先股股利的保障倍數，以及可供發放普通股股利的盈餘之趨勢等。不過這些趨勢的形成其實是來自營業毛額、營業費用率和固定費用的有利或不利趨勢。

　　顯然的，人們一定希望企業的收入毛額和盈餘均呈現有利的趨勢。如果一個企業的證券顯現出明確的不利趨勢，那麼即便它的保障倍數還很高，我們還是不應該把它列爲一般性投資標的，除非你堅信趨勢將在短期內出現修正。不過，過度重視所謂有利趨勢也是有危險的，因爲趨勢有時可能會騙人。以投資來說，不管趨勢多麼有利，平均盈餘相對利息與優先股股利的保障倍數都必須令人滿意

才行。

　　在選擇普通股時應該比購買「投資等級證券」更重視
既定的趨勢，因為在趨勢延續的情況下，普通股價格有可
能會大幅上漲。不過，因趨勢有利而進場購買一檔普通
股以前，應該先檢視兩個問題：(1) 我有多確定這個有利
的趨勢將會延續下去；以及 (2) 相較於趨勢的期望延續空
間，我目前付出的價格有多高？

[第三十三章]

普通股的價格和價值

　　大致上來說，普通股的價格取決於未來的盈餘展望。當然，盈餘展望都是估計值或預估的數字，而股票市場當下的行為通常是取決於現有的趨勢。而人們又是以過去的記錄和目前的資料來衡量趨勢，只不過，人們對某些新發展的期待經常會對趨勢的研判形成決定性影響。

　　所以，普通股的價格取決於過去或當期盈餘的程度並不是那麼高，相對的，公開大眾對企業未來盈餘的想法對價格的影響更大（其他整體或特有因素也會對股價造成重要影響，例如信用、政治與心理情況。這些因素和單一未來盈餘估計值的相關性也許不那麼密切，不過，這種影響力最後將形成兩種可能結果：1.真的對盈餘造成影響；2.消失得無影無蹤，沒有任何影響。若是後者，就屬於暫

時性的因素。）

在一般情況下，一檔普通股的股價是很多盈餘估計值（未來六個月、未來一年或甚至更久以後）共同影響下的綜合結果。有些估計值可能完全錯誤，也有些可能極為正確。不過，由於擬訂估計值的人數眾多，預估的數字也都不相同，所以，他們的買進與賣出行為才是決定當前股價的主要因素。

一般人公認的「一檔普通股的售價應該約當它的當期盈餘的特定比率」不僅是一種邏輯，更是一種必要的實用概念。由於市場會將趨勢或未來展望列入考量，於是，不同類型公司的這個比率就會有所不同。如果一個企業的盈餘成長可能性較低，其普通股價格的本益比就會比較低（低於當期盈餘的15倍）；而盈餘成長展望良好的股票通常享有較高的本益比（超過當期盈餘的15倍）。所以，市場上可能會存在兩檔當期每股盈餘相同、股息發放率相同或財務狀況相同的股票，但其中一檔（ABC）股票的價格卻比另一檔（XYZ）股票高一倍，只因為證券買家認為ABC股票明年以後的盈餘將會比XYZ股票高很多。

如果市場沒有受到大繁榮或大蕭條的影響，一般公開大眾對個別證券的判斷──展現在市場價格上──通常都是很看好的。如果某些證券的市場價格看起來脫離可取得

的事實和數字，人們到最後通常會發現，原來先前的價格是在反映當時從表面上看並不甚明朗的未來發展。不過，股票市場本身也經常傾向於誇大盈餘正面與負面變化的影響。不管是在繁榮或蕭條期，整體市場都會明顯出現這種情況，而且個別公司也經常會有這樣的情形發生。

事實上，要成功買對證券──尤其是普通股，一定要具備精確看準未來的能力。不過，回顧過去，不管有多麼謹慎，任何人都很難精確預測未來，而且「預測」所造成的傷害可能高於它能創造的利益。選擇普通股是一門困難的學問，但這是天經地義的，因為一旦選對了，你就能獲得很大的成就。你必須明智地在過去的事實與未來的可能性之間取得一個適當的平衡。

［第三十四章］

結論

　　透過前面的章節，你已經知道在解讀財務報表時應該考量哪些不同的要素。只要檢視財務報表，就可能歸納出一個企業目前的情況與它的未來潛力。企業的資產價值、獲利能力、和同產業其他公司的財務狀況比較、盈餘的趨勢以及經營階層因應瞬息萬變情勢的能力等，所有這些要素對決定一個公司的證券價值都非常重要。

　　不過，非公司所能掌控的其他要素對該公司證券價值的影響也一樣重要。產業的展望、一般商業與證券市場情勢、目前處於通貨膨脹期或蕭條期、人為的市場影響力、大眾對這種證券的「胃口」等等因素，都是無法以精確的比率和邊際安全性來衡量的。我們只能藉由持續透過閱讀金融與商業新聞而取得的概要性知識來判斷這些因素。

　　一般大眾已經愈來愈瞭解證券這項商品，雖然這樣的發展讓證券銷售人員與客服人員的施展空間愈來愈大，但這些從業人員也愈來愈需要加強自身的知識，尤其是知識的精確性。

　　投資人根據企業的財務報表，在市場價格顯得便宜時買進，並根據相同的基礎，在價格顯得昂貴時賣出，這樣做可能無法賺到優渥的利潤。不過，卻可以避免發生嚴重的損失（而且損失的頻率也不會比獲利更高）。這樣的投資人應該比其他人更有機會能取得令人滿意的成果，而這就是聰明投資的主要目標。

第二部

以比率法分析資產負債表與損益科目

　　在分析一個工業公司的損益表和資產負債表時會使用
到很多比率，我們將以一個簡單的例子來說明這些比率。
這是伯利恆鋼鐵公司1928年的財務報表。資產負債表收
益科目的各個項目都被編上了代號，這樣會比較好解釋我
們計算各項比率的方法。舉個例子，這份研究報告所計算
的第一個比率是營業利益率，它等於營業利益除以銷貨收
入。在損益表上，營業利益的代號是(4)，而銷貨收入是
項目(1)。所以計算營業利益率的方法如下：

　　(4)÷(1)，以實際的數字來表示，則為

　　$27,271,108÷$294,778,287＝9.2%

伯利恆鋼鐵公司
1928年12月31日，會計年度結束的損益表

(1)銷貨收入	294,778,287
(2)減製造成本、行政、銷售與	
一般費用和稅金	253,848,844
	40,929,443
(3)折耗、折舊與廢棄準備金	13,658,335
(4)營業利益	$27,271,108
加－利息、股利與其他雜項收入	2,591,693
(5)收益總額	29,862,801
(6)減利息費用	11,276,879
(7)淨利	18,585,922
(8)減優先股股利	6,842,500

(9) 可供發放普通股股利之淨利	11,743,422
減普通股股利	1,800,000
(10) 移轉到公積	$9,943,422

伯利恆鋼鐵公司
合併資產負債表

1928年12月31日

資產

流動資產：

(11) 現金	28,470,936	
(12) 美國政府證券	27,247,838	
各項有價證券	1,980,000	
為員工持有的優先股減預付款項	7,742,698	
(13) 應收帳款與應收票據	41,951,684	
(14) 存貨	61,539,137	
(15) 流動資產總額		168,932,293
準備金資產		6,917,227
各種證券與房地產分期付款合約與抵押放款		3,837,820
由受託人握有之基金		691,311
對關係企業的投資與借款		8,654,700
(16) 財產科目	654,731,533	

(17)減折舊與折耗
　　準備　　　　　　　　　　　200,408,672
(18)財產科目（淨額）　　　　　　　　　　　　454,322,855
　　總資產　　　　　　　　　　　　　　　　　$643,356,206

負債

流動負債：

應付帳款與
　　應計負債　　　　　　　　25,227,323
應計債券利息　　　　　　　　2,998,122
應付優先股股利
　　1929年1月2日
　　到4月1日　　　　　　　　3,447,500
應付普通股股利
　　1929年5月
　　15日　　　　　　　　　　1,800,000
(19)流動負債總額　　　　　　　　　　　　　　33,472,945
(20)長期負債　　　　　　　　　　　　　　　　$199,421,172
(21)坎布瑞亞製鐵公
　　司股票（應付4%
　　的年度租金）　　　　　　　　　　　　　　8,465,625
股本、公積與
　　準備：
(22)7%累積優先股，
　　面值100元　　　　　　　100,000,000
(23)普通股，面值
　　100元　　　　　$180,000,000
(24)公積　　　　　　114,922,652
或有準備金　　　　　2,138,990
保險準備金　　　　　4,934,822　　301,996,464　　401,996,464
負債總計　　　　　　　　　　　　　　　　　$643,356,206

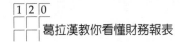
(1)營業利益率

營業利益除以銷貨收入

公式：(4)÷(1)
以這個例子而言為：$27,271,108÷$294,778,287 ＝ 9.2%

這個比率是用來判斷一個企業的營業效率。這個比率為 9.2%，意思是指在每一元的銷貨收入中，公司在支付所有營業成本後，剩下9.2分的錢。另外，公司還必須利用這9.2分的錢（外加其他收益）支付債券利息、優先股與普通股股利以及（從前）要提撥給公積的金額。

(2)投入資本的獲利

可用來支付利息支出的所有盈餘除以債券、優先股、普通股和盈餘公積的總和。

公式：（5）÷（20加21加22加23加24）
以這個例子來說，為：$29,862,801÷$602,809,449 ＝ 4.95%

這意味 1928 年時，投資在該公司的資金的獲利率為 4.95%。投資資金的獲利率因產業而不同。25家鋼鐵公司的這個比率平均大約是略高於6%。

(3)盈餘之利息費用保障倍數

總收益除以利息費用

公式：(5)÷(6)

以這個例子而言，爲：$\$29,862,801 \div \$11,276,879 = 2.65$ 倍

一般認定工業公司平均應該賺取約當 2.5 倍總利息支出的
盈餘。如果是就一檔高等級的工業公司債券來說，我們比
較偏好這個倍數至少要達到3倍。

(4)盈餘之利息費用與優先股股利保障倍數

總收益除以利息費用與優先股股利的總和

公式：（5）÷（6加8）

以這個例子而言，爲：$\$29,862,801 \div (\$11,276,879$ 加
$\$6,842,500$）$= 1.65$ 倍

我們認爲一個工業公司的盈餘至少平均要到達利息費用加
上優先股利總和的四倍以上，它的優先股才值得列爲直接
投資的標的。

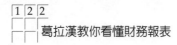

(5)普通股每股盈餘

可供發放普通股股利的淨利除以流通在外的普通股股數。

公式：(9)÷(23)（以股數表示）

在這個例子裡為：$11,743,422÷1,800,000＝每股6.52元

(6)折舊約當廠房成本的百分比

折舊費用除以廠房成本

公式：(3)÷(16)

以這個例子而言，為：$13,658,335÷$654,731,533＝
2.09%

這意味財產科目中所有項目（包括永遠存在的房地產）的
平均耐用年限被設定為50年。這2.09%的比率比13個鋼
鐵公司的1928年平均值2.7%低一點。

有時候，基於比較的目的，我們必須採用年度折舊費用相
對廠房科目淨額的比率。

公式：(3)÷(18)

以這個例子而言，為：$13,658,335÷$454,322,855＝
3.01%

(7) 折舊佔銷貨收入或收入毛額的百分比

在進行比較時，這個比率也很有用

公式：(3)÷(1)

以這個例子而言，為：$13,658,335÷$294,778,287 ＝ 4.63%

(8) 轉列公積的淨利約當可供發放股利的淨利之百分比

轉列為公積的淨利除以可供發放股利的淨利

公式：(10)÷(7)

以這個例子而言，為：$9,943,422÷$18,585,922 ＝ 53.5%

在計算這個數字時，我們應該計算許多年的數字，這樣才有辦法凸顯一個公司是否有實踐保守的股利政策。一般認為工業公司應該將可供用來發放股利的盈餘移轉30%至40%到公積裡（也就是保留在公司裡）。

由於未分配盈餘稅剛開始實施的緣故，現在被保留在公司的盈餘有可能以額外股本來處理。所以，我們在計算這個數字時，應該將這種股本視為公積的加項。

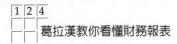

(9)存貨周轉率

銷貨收入除以存貨

公式：(1)÷(14)

以這個例子而言，為：$294,778,287÷$61,539,137＝一年
4.7倍*

這個公司一年的存貨周轉次數為4.7倍，一般認為這樣的
水準是理想的。存貨周轉率非常重要，原因在於如果一個
企業一年內周轉存貨的次數愈多，需要投資到存貨的資金
就愈少，那麼因過時原料而產生損失的機率就比較低。

(10)應收帳款收現天數

應收帳款與應收票據除以每日銷貨收入淨額。

公式：$(13) \div \dfrac{(1)}{365}$

以這個例子而言，為：$41,951,684 \div \dfrac{\$294,778,287}{365}$
＝52天。

---

*將銷貨成本除以存貨（以成本列示），就可以算出實際或實質的周轉
率，公式：(2)÷(14)
  以這個例子而言，這種周轉率將是4.15倍。

該公司那一年的平均應收帳款收現天數是52天。這個比率可以用來判斷該公司的信用政策良窳。

(11)資本結構比率

債券資本結構

尚未償還之債券餘額除以債券、優先股、普通股和公積的總和。

公式：（20加21）÷（20加21加22加23加24）
以這個例子而言，為：$207,886,797÷$602,809,449 ＝34.4%

坎布瑞亞製鐵公司的股票被納入債券項目，因為股票這4%的股利是保證付款，這部分和財產的租賃有關。

優先股資本結構

優先股除以債券、優先股、普通股和公積的總和

公式：22÷（20加21加22加23加24）
以這個例子而言，為：$100,000,000÷$602,809,449 ＝16.6%

普通股與公積的資本結構
普通股和公積的總和除以債券、優先股、普通股和公積的總和

公式：（23加24）÷（20加21加22加23加24）
以這個例子而言，為：$294,922,652÷$602,809,449＝49.0%

總體而言，該公司的資本結構如下：

債券34.4%，優先股16.6%，普通股49%。以一般工業公司的資本結構來說，債券佔總資本結構的比率不應該超過25%到30%。資本結構中應該至少有一半是普通股和公積。

我們也可以用優先股和普通股目前的市價來計算這些數字，而不要採用包含公積的帳面價值。這樣算出來的結果就是一般所知的股票價值比率。債券的股票價值比率公式為：優先股與普通股的總市場價值除以債券的總面值。優先股的股票價值比率為：普通股的總市場價值除以債券總面值與優先股總市場價值的總和。

(12) 流動比率

流動資產除以流動負債

公式：(15)÷(19)

以這個例子而言，為：168,932,293÷$33,472,945 ＝ 5.04比1

換句話說，該公司有5.04元的流動資產（在正常的營運情況下可以在一年內轉換為現金的資產）可以用來因應每1元的流動負債（在正常營運情況下必須在一年內清償完畢的負債）。對一個鋼鐵公司來說，5.04比1是很可以接受的比率。不同產業的流動比率差異甚大，不過，至少應該達到2比1（見第十六章的表）

(13) 速動資產比率

流動資產減去存貨，再除以流動負債

公式：(15－14)÷(19)

以這個例子而言，為：$107,393,156÷$33,472,945 ＝ 3.2比1

用另一種方式來說，公司每一元流動負債有3.2元的速動資產可以因應。這樣的比率水準非常理想，最低至少要達到1比1才會被視為是理想的比率。

(14)普通股帳面價值

普通股與公積的總和除以流通在外普通股股數

公式：（23加24）÷（23）（以股數表示）

以這個例子而言，為：$294,922,652÷$1,800,000＝每股
164元

通常習慣做法會將無形資產（商譽、專利權等）從帳面價
值中扣除，也就是說，從普通股（股本）和公積的總和中
扣除。

普通股的帳面價值通常並不重要，不過，若帳面價值比市
價高或低，隱含的意義就比較重要了。**

(15)本益比或市場比率

股票售價除以每股盈餘。1929年5月15日時，伯利恆鋼鐵
公司的普通股收盤價為105⅝元。105⅝÷6.52元＝16.2，
這代表公司股票的售價是1928年盈餘的16.2倍。這個比率
是用來判斷一檔股票的價格是過高或過低，也是進行比較
分析的一個起點。

**附註：也請見第十六章，淨資產價值。

第三部

財務專有名詞與
慣用語的定義

提前償還條款（Acceleration Clause）：債券發行契約中所訂定的一個條款，如果未履行利息付款義務或出現其他「違約事件」，持有人可以在到期日以前要求還款。

應計事項（Accruals）：已從當期營運中扣除的費用，但尚未付出現金，一直到未來某一天才需支付。所以，儘管債券是每六個月才付息一次，但股份有限公司可能會每個月都會在帳冊中將債券利息記錄為應計項目。應計項目也包含貸項，例如持有證券的應計利息。

累積（股利）(Accumulative〔Dividends〕)：與累積股息（Cumulative）同。

重整公司債（Adjustment Bonds）：見收益債券（Income Bonds）。

「包括後產」條款（"After Acquired Property" Clause）：抵押貸款契約上的一個條款，規定抵押貸款保有發行公司後續購入之財產的留置權。

攤銷（Amortization）：促使負債、遞延費用或資本支出隨著時間逐漸降至零的一個過程。包括(1)抵押貸款的攤銷：定期償還抵押貸款的一部分面值；(2)債券折價

的攤銷：在債券尚未清償完畢的期間內，定期從每年的盈餘中扣除總折價金額的適當比例；(3)固定資產的攤銷：針對折舊、折耗和廢棄物品提列費用。

套利（Arbitrage）：在能創造利潤的價差情況下，同時完成證券（或原物料商品）的買進與賣出交易，可能進行套利的情況包括：(1)一種證券或原物料商品可以在一個以上的市場交易；(2)兩種不同的證券之間存在已確定的彼此交換條件。例如：(1)以一個足夠支付所有費用後還能賺錢的價差，同時在倫敦市場賣出、在紐約市場買進美國鋼鐵的股票；(2)在同一個市場同時賣出一檔股票，並買進一檔目前可以用確定比例轉換為前述股票的債券或優先股，或者賣出這一檔股票，同時買進讓所有人擁有以固定金額的現金買進該股票的「權利」，當然，兩者之間的價差必須足夠支付費用後還有獲利才算是套利。

公司章程（Articles of Association）：和公司憲章或成立登記證很類似的法定文件，上面列有一些條款，註明一個企業是在州政府的許可下開業營運。

資產價值（Asset Value）：和(b)字母開頭裡的帳面價值（Book Value）的定義相同。

資產（Assets）：一個股份有限公司所擁有的有價資源或財產與財產權。見資本性資產（Capital Assets）、流動資產（Current Assets）、遞延資產（Deferred Assets）、無形資產（Intangible Assets）和有形資產（Tangible Assets）。

查帳（Audit）：對一個企業的財務狀況和運作方式進行檢查，多半是以帳冊爲檢查的基礎，這是爲了取得資訊或查核企業的資產負債表、損益表和（或）公積報表的精確性而進行。請參考簽證報告（Certified Report）。

資產負債表（Balance Sheet）：報導一個企業在某一特定日期的財務狀況的報表。它在一個欄位裡條列企業所擁有的全部資產及其價值，並在另一欄條列債權人的要求權以及所有權人的權益。這兩欄的總金額相等。

銀行業者股份（Banker's Shares）：某一種憑證的名稱，通常是由銀行發行，每一股代表對某些被寄存起來的股票的一部分股份。通常目的是要發行一種賣價遠低於原始股票之價格的股票，也稱爲信託股份（Trustee Shares）（譯註：類似存託憑證）。

基礎（Basis）：以債券來說，不是指特定價位的到期殖利率（如債券表上所示），就是指某一特定到期殖利率

的對應價格。

應付票據（Bills Payable）：嚴格地依照法律來說，是指某一個企業或個人以書面方式開立給另一個企業的無條件付款命令（要求該企業支付一筆錢）。就實務上來說，這通常是指應付銀行借款。

藍籌股（Blue Chip Issues）：一種口語上的專有名詞，指公認具投資價值的股票，不過這種股票的當期本益比和當期息率異常的高。這通常是受歡迎的市場領導廠商。

「藍天」股票發行（"Blue Sky" Flotations）：有一些企業所發行的證券完全沒有價值，原本這個名稱是指促銷這種企業的證券。之所以取這個名稱，是因為買方付錢後，得到的不過是「虛幻」（天馬行空）的東西。目前州與聯邦政府都已經立法防範這種證券的發行。不過，現在，根據這項法律進行證券註冊的做法被稱為證券「藍天化」（blue-skying）。

債券（Bond）：一種債務憑證：(1)代表對一個股份有限公司或政府單位的一部分放款；(2)孳息，以及(3)將在未來一個設定日期到期。通常一檔債券鮮少不具備以上

任何一項特質。短期債券（通常是指發行後五年內到期的債券）一般稱爲票據（Notes）。

債券折價（Bond Discount）：若這個名詞是出現在財務報表中，代表發行公司發行債券的面額較它實際收到的款項高。這項折價通常會在債券的存續期間內逐步予以攤銷。就常用的投資說法而言，它代表債券面額超過目前市價的差額。一檔債券「以折價賣出」的意思是指它的售價低於100元的面值。相反的，一檔債券「以溢價賣出」，則是指以超過100元面值的價格賣出。

債券，固定（Bonds, Straight）：符合標準模式的債券，也就是說：(1)必須無條件在某一個特定日期償還一筆固定金額本金；(2)必須無條件在固定日期支付固定利息金額；(3)對資產或盈餘未擁有進一步的權利，且對經營管理事務沒有發言權。

債券，優先（Bonds, Underlying）：比某些其他債券更具優先權的債券，通常擁有對企業財產的第一順位抵押權利（這些財產也會被作爲次順位一般抵押貸款〔Junior General Mortgage〕的抵押品）。

帳面價值（Book Value）：(1)就資產的帳面價值來說是指：資產被登錄在公司帳冊上的價值。(2)對股票或債券來說，是指可供這些股票或債券分配的資產，如帳冊上所標示，但須扣除所有優先負債。通常是以每股金額或每1000元債券的金額來標示。在計算帳面價值時，一般公認的慣例是會排除無形資產，所以帳面價值等於「有形資產價值」。

清算價值（Break-Up Value）：以一個投資信託或控股公司的證券來說，這是指可供這些證券分配的資產之價值，而資產價值就是將所有有價證券的市價全部加總起來。

商人型投資（Business Man's Investment）：事先知道風險金額的一種投資，不過，由於人們認為未來本金價值有上升的機會，或者認為未來的收益報酬比較高，所以判斷前述風險將被抵銷。（根據我們的看法，第二個考量通常是沒有根據的）。這個專有名詞是以一個想法為基礎：通常商人的財力比較雄厚，所以能承擔一些風險，而且能夠明智地追蹤他的投資情況。

可贖回特質（Callable Feature）：債券中的一個條款，根據這個條款，發行公司可以選擇在到期日之前贖回債券，這是由發行公司決定，而非由債券持有人決定。企業可能在不同時間以不同價格贖回債券。某些優先股也具備這項特質。

資本（企業的資本）(Capital〔of a business〕)：(1)以較狹義的層面來說，這是指資產負債表上各種股票項目所列示的金額；(2)以較廣義的角度來說，它是指發行股票和公積所代表的投資金額；(3)以更廣義的角度來說，它是指前者加上所有長期債務。（請見資本額capitalization）

資本性資產或固定資產（Capital Assets or Fixed Assets）：具備相對永久性特質且以使用或賺取收入為目的而持有的資產，不是以銷售或直接轉換為可銷售商品或現金為目的而持有的資產。主要的資本性資產包括房地產、建物和設備，這幾項通常被統稱為「廠房科目」或「財產科目」。無形資產如商譽、專利權等也都是屬於資本性資產。

資本支出（Capital Expenditures）：為了增加或改善資本性資產而支出或花費的現金或約當現金。

資本額（Capitalization）：股份有限公司發行各種不同的證券包括債券、優先股和普通股的總和。（有時候，是否要將短期債務列為資本結構的一部分，或將之視為非資本化的流動負債，牽涉到判斷的問題。如果是一年內到期的負債，通常會被視為流動負債）

資本結構（Capital Structure）：將資本額區隔為債券、優先股和普通股幾個部分（並計算這幾個部分所佔百分比）。如果普通股佔資本額的全部或極高百分比，這種結構就會被稱為「保守」；如果普通股佔總額的百分比很低，這種結構就會被稱為「投機」。

資本化支出（Capitalizing Expenditures）：企業可以選擇將某一些種類的支出列為當期費用或資本型費用。如果是列為資本型費用，那麼這筆支出將會出現在資產負債表上，被列為一種資產，通常企業會用幾年的時間來逐漸沖銷這項資產。這種支出的例子包括：無形的鑽油成本（石油業）；研發費用（礦業和製造業公司）、開辦費用、發行債券或股票的費用等。

將固定支出予以資本化（Capitalizing Fixed Charges）：計算一筆會產生某固定支出的負債的本金金額。方法是：將固定支出除以預設的利率。例如固定支出為10萬元，資本化利率為4%，計算出來的本金價值為：

$$\frac{\$100,000}{0.04} = \$2,500,000$$

資本公積（Capital Surplus）：見公積（Surplus）。

現金資產價值（Cash Asset Value）：可歸屬於某一檔證券的現金資產（現金與約當現金）的價值，必須先扣除所有優先負債。通常是以每股或每1000元債券多少元來表示。有時候，在計算一檔股票的現金資產價值時，並不會先從現金資產中扣除負債，若是如此，應稱之為「毛現金資產價值」，而且除非其他資產多於所有優先負債，否則這就不是一項有用的計算值。

約當現金（Cash Equivalents）：為替代現金而持有的資產，可以在很短時間內轉換為現金。例如定期存款、美國政府債券以及其他有價證券。

存入證明／定存單（Certificate of Deposit）：(1)一檔證券被存入一個保護委員會的收據，或者因為某些目的

如改組計畫而將證券存起來時所開出的收據。這些存入證明，也就是「c/d」通常是可移轉的，處理方式和證券一樣；(2)和定期存款一樣的意思。

簽證報告（Certified Report）：合格公共會計師經過獨立查核後，證明股份有限公司報告（資產負債表、損益表和〔或〕公積報表）的正確性。在研究會計師附加於公司報告後的簽證時一定要很謹慎，因為查核的項目非常繁多，範圍也很廣，而且特定查帳行為本身也可能受一些重要的限制和保留所影響。

公司憲章（Charter）：州政府發放的設立證書或特許權，合法授權相關公司根據公司憲章中被賦予的權利推動事業。

公民貸款（Civil Loans）：由政府機關如國家級、州或地方自治區承辦的貸款。

A級股票（Class "A" Stock）：股票的一種，是為了和同一公司所發行的其他股票——通常稱為B級股票或普通股做區隔，才取這個名稱。差異可能是在選舉權、股利或資產優先權或其他特殊股利條款。其中，通常A級股票才擁有資產優先權，不過，不管是A級股票或其他普通股

都可能擁有其他利益。

擔保信託（Collateral-Trust Bonds）：以被存在受託人處的其他證券（有可能是股票，也可能是債券）進行擔保的債券。這些債券的實際投資價值取決於以下兩者中的一者或兩者：(1)發行公司的財務負擔；(2)被存入證券的價值。

合併（Consolidation）：兩家以上的公司結合爲一家，成立另一個新公司。請參考合併（Merger）。

合併報表（Consolidated Statement）：股份有限公司的一種報告（資產負債表、損益表和〔或〕公積報表）中將該股份有限公司與其子公司的獨立報表結合在一起。這種合併報表會去除所有公司間的科目，將整個集團的公司視爲一個單一企業。

或有負債（Contingent Liabilities）：金額不確定或不必然會發生的負債。例如：牽涉到法律訴訟或所得稅追討的金額；在有保證架構下的負債。

或有準備金（Contingency Reserves）：從盈餘或公積中取出資金而設置的準備金，這是爲了暗示股份有限公

司未來可能會產生損失或可能會有人對公司索賠，而這些
情況發生的可能性存在很大的疑問空間（例如存貨或公
司持有的有價證券市場價值未來可能下跌）。在多數情況
下，這些準備金可能被視為公積的一部分，不過，有時候
會以「很可能發生的損失或要求權」或乾脆以可能損失或
要求權來顯示。

被控制公司（Controlled Company）：公司政策受制
於另一個持有該公司具投票權股權51%以上的公司。

轉換平價或轉換水準（Conversion Parity or
Conversion Level）：普通股的這個價格（轉換平價）等
於一檔可轉換證券的特定報價，或是相反。舉例來說，
如果一股優先股可轉換為三股的普通股，而這檔優先股
目前售價為90元，那麼普通股的轉換平價將是30元。如
果目前普通股的售價為25元，這檔優先股的轉換平價就
是75元。這也可以稱為該優先股的轉換價值（conversion
value）。

轉換價格（Conversion Price）：普通股約當每100元
可轉換債券或一股面額100元可轉換優先股的價格。舉個
例子，如果1000元的債券可以轉換為40股的普通股，那
麼普通股的轉換價格就是每股25元。

轉換權利（Conversion Privilege）：見可轉換證券（Convertible Issues）。

可轉換債券（Convertible Bonds）：一種債券。在債券持有人的選擇下，可以根據預先設定的價格或比率將債券轉換為其他證券。通常是轉換為股份有限公司的普通股，不過有時候可以轉換為優先股或甚至其他債券。這種債券的持有者代表股份有限公司的債權人，如果該企業成功了，這種債券的持有人擁有獲得額外利益的權利。

可轉換證券（Convertible Issues）：可以依照公司債（債券）的條款或公司憲章或章程細節（股票）交換為其他證券的證券。

貸項（Credit）：請見借項與貸項（Debit & Credit）。

累積扣抵法（Cumulative Deductions Method）：計算債券利息保障的方法，只考慮等級優先於標的債券或與之同等級的債券的利息。這個方法不會考慮次順位等級債券的利息。不過這個方法只能用於第二級的測試，用來作為「整體法」的補充資料。請見整體法（Over-All Method）。

累積優先股（Cumulative Preferred Stock）：擁有配發固定比率股利之權利的優先股，這種優先股有權在普通股股東之前獲配先前年度未配發的前述股利。有些這類優先股的累積權利僅限於公司在任一年度有獲利但未配發的股利——這種優先股的建議名稱是：所得累積證券（earned-cumulative issues）。

累積投票權（Cumulative Voting）：因為要選舉多位董事，所以這種股票每一股可以投好幾票，而且可以投給同一個董事。它的效用是為了讓大量的少數股東可以為自己選出一個以上的董事。在某些州是強制規定（如賓州和密西根州）要這麼做，在其他州，某些股份有限公司的章程細則裡也會列出具體說明。

流動資產（Current Assets）：現金或可以隨時變現的資產，或是在正常的公司營運步調下可以相當快速變現的資產。包括現金、約當現金、一年內到期的應收帳款和存貨。（周轉率較低的存貨應該適當從流動資產中剔除，不過這並非慣例。）

流動資產價值（Current Asset Value）：可歸屬於某特定證券的流動資產價值（扣除所有優先負債）。一般是以每股金額或每1000元債券的金額列示。

流動負債（Current Liabilities）：對企業的已具結要求權，一般認為企業應在一年內完成這種要求權的付款。

公司債（Debentures）：股份有限公司的債務，只以公司的一般信用作擔保。對公司特定資產不具直接留置權（有時候指優先股，沒有特殊的意思）

借項與貸項（Debit & Credit）：簿記的一種專有名詞，描述不同種類科目和科目分錄。帳戶左邊的分錄稱為借項，而通常有左邊餘額的科目（資產科目和費用科目）被稱為借方科目。在記帳時，會出現借記一個科目的情況為：記錄資產增加、負債減少或發生費用時。帳戶右邊的分錄稱為貸項，會產生右邊餘額的科目（負債科目、業主權益科目、以及收入或盈餘科目）稱為貸方科目。會出現貸記科目的情況包括：記錄資產減少、負債增加或收入或盈餘增加。

信託契約（Deed of Trust）：見債券發行契約（Indenture）。

遞延性資產，或遞延費用（Deferred Assets, or Deferred Charges）：在記帳時將代表某種最終將以費用處理的開銷記錄為資產。這些開銷並非馬上就被列入費用

科目，因為將這些費用歸屬為未來年度的營運支出會比較恰當。這包括尚未攤銷的債券折價、開辦費、研發費用和預付廣告費、預付保險費和預付租金。後面幾項預付費用有時也稱為預付資產。

延遲維修（Deferred Maintenance）：為了讓廠房得以維持更理想運作狀況而應花費的維修金額，只不過維修計畫被延遲到未來的某個時間。這個設備方案疏漏不會出現在公司的報告上，不過通常從維修費用較前幾個年度大幅降低，就可以看得出這種情況的存在。最常見於鐵路公司的損益表上。

赤字（Deficit）：如果是出現在資產負債表，代表資產金額少於負債（債務人的索賠權）和股本的總和。如果是出現在損益表，通常代表營業收入低於費用和支出。「營業赤字」代表在扣除固定支出前就已呈現虧損。「扣除股利後的赤字」則是理所當然。

折耗（Depletion）：遞耗性資產價值的降低數字，這是因耗用掉一部分這項資產而產生，例如從礦石採集礦砂或砍伐林木。

耗竭準備（Depletion Reserve）：反映與一項評價準備金有關的資產（通常是礦產或林木資源）截至目前為止的總折耗金額。將這項準備金在資產負債表上的對應資產扣除這筆準備金後，計算出來的數值就是公司對這項資產的剩餘部分的評價，也就是該項資產的淨值。

折舊（Depreciation）：資產價值隨著資產的磨損而產生的價值減損，這種磨損無法透過一般維修來彌補，而且在該項資產被用壞以前，也不能將之列為廢棄資產。在帳冊上提列折舊費用的目的是要在資產的整個運作耐用年限內，以公平分攤的費用來沖銷該項資產的原始成本（如果任何一個年度的帳列折舊費用超過公司再投入廠房的投資，超出部分可能會被稱為「未支用折舊」）

開發費用（Development Expense）：(1)研發製造、其他流程或產品，好讓它們能運用於商業而花費的成本。新公司通常會將這種項目列為遞延性資產，基礎雄厚且成功的企業則通常會將之視為一種當期費用；(2)啟用一項礦業資產的成本，通常被列為遞延性資產。

折舊準備（Depreciation Reserve）：反映截至目前為止相關資產總帳面折舊金額的評價準備金，所以，從中

可以看出資產耐用年限已遭耗用的部分。如果一項資產帳列100萬元，折舊準備為20萬元，並不代表這項資產目前的轉售價值有80萬元，這只不過是顯示該項資產的耐用年限應該已經耗用了20%，如此而已。

股權稀釋（Dilution）：從可轉換證券的角度來說，這是指普通股股數增加，但公司資產卻沒有同步增加。多數可轉換證券都不會受到這種或有情況的傷害；根據「反稀釋條款」，每次出現股權稀釋情況時，轉換價也會隨之降低。

分散投資（Diversification）：將計畫投資的資金分別投入許多種證券，以便分散投資風險的做法。投資基金可能被分散投資到不同產業，或至少投資同一產業裡的不同公司（比較沒有效率），或者分散投資到不同地區。

股利保障倍數（Dividend Coverage）：某一特定期間的盈餘約當於股利的倍數。優先股股利保障倍數的合理表達方式應該是盈餘約當固定支出加上優先股股利的總額的倍數。普通股股利保障倍數則是分開表達，不過在計算普通股股利保障倍數時，必須先扣除優先證券的應得權利。

股息收益率（Dividend Yield）：一個百分比數字，是將股利金額除以市場價格。例如，如果一檔每年配發4元的股票目前市價為80元，股息收益率就等於4÷80，也就是5%。

股利憑單（Dividend Scrip）：(1)為憑單股利而發行的憑證（見憑單股利Scrip Dividend）；(2)股票的零股，因企業發放股票股利而收到的股票。通常這些零股在結合成為完整股票以前不具獲配股利的權利，也沒有投票權。

可劃分留置權（Divisional Liens）：這個用語通常是指以鐵道系統中的一小段路程作為抵押品的債券。如果留置權所涵蓋的路段是鐵道系統中較有價值的部分，那麼這個證券就是好的。如果留置權所涵蓋的路段佔整個鐵道系統的價值很低，那麼這檔證券就比較不討喜。

保留盈餘（Earned Surplus）：見公積（Surplus）。

獲利能力（Earning Power）：正確（或有合理根據）來說，它被視為企業或特定證券的「正常」盈餘比率。它必須同時以「過去的記錄」和「有合理把握未來將不會出現巨大變化」這兩個要素為基礎。所以，若企業過去的紀錄總是大幅變化，或者它的未來不確定性特別高，我們理

當不應將該企業視爲獲利能力非常好且確定的公司。不過，這個專有名詞經常鬆散地被用來指某一段期間的平均盈餘或甚至當期盈餘比率。

盈餘收益率（Earnings Yield）：年度盈餘相對市場價格的比率。例如：一檔股票的年度盈餘是6元，目前市價爲50元，其盈餘收益率爲12%。也請見本益比（Price-Earning Ratio）。

盈餘比率（Earnings Rate）：以「每股」的方式來表達年度盈餘，有時候（比較少見）是以面值的百分比呈現。

本益比（Earnings Ratio，**亦見**Price-Earnings Ratio）：年度盈餘和市場價格之間的關係。其中，價格是以盈餘的倍數來表達。沿用「盈餘收益率」的例子，本益比將是8⅓比1。

有效債務（Effective Debt）：一個企業的總債務，包括年度租金的本金價值，或其他約當於利息支出的付款（這些可能不會以長期借款呈現）。我們可以利用以下方式來計算有效債務：以一個適當的比率將固定支出予以資本化（見「資本化」定義）。若長期債券的票面利率異常高

或異常低，人們可能會傾向於認定有效債務高於或低於其面值。

有效面值（Effective Par）：以優先股來說，有效面值是指與某特定股利率相對應的金額。以一個適當的利率，如6%，將股利金額予以資本化，就可以算出這個數字。例如：一檔股利為2.4元的優先股的有效面值將是2.4元÷0.06＝40元。在處理零面值或面值與股利率不一致的優先證券時，這個公式非常好用。

設備債券或設備信託憑證（Equipment Obligations or Equipment Trust Certificates）：一種債券，通常是用分期方式，以鐵路公司運輸工具的留置權做保障。保護債權人的方法通常有兩種：(1)費城計畫－幾乎是目前的通用方式（設備的產權掌握在受託人手中，一直到所有債券都還款完畢時為止，屆時產權將移轉給股份有限公司）；(2)紐約計畫（開給發行債券的公司一份有條件抵押借據；在債券還款完畢後，股份有限公司就會收到完全的產權）

設備租金（Equipment Rentals）：鐵路公司支付的一整筆金額，通常是付給另一家鐵路公司，做為使用對方運輸工具的代價。這些款項通常是根據一個標準費率表，以

天數計算。支付或收入的款項會記錄在鐵路公司的損益表所得稅項目之後。

設備信託（Equipment Trust）：與受託人對處理設備（通常是鐵路公司的運輸工具）的所有權或控制權有關的一個做法。根據這個做法，受託人將會發行設備信託憑證或債券。這個名詞通常用來代表設備信託憑證。

股東權益（Equity）：企業股東的權益，以股本和公積來衡量。也指因有次要投資的存在而為優先證券提供的保護。

股權證券（Equity Securities）：(1)任何一種股票，包括優先股或普通股。(2)較具體一點來說，是指普通股或任何一種對公司的資產和盈餘（扣除所有優先要求權後）擁有實質無限權益的證券（約當普通股）。

交易股權（Equity, Trading on the）：當一個商人為他的事業借錢，以充實他自己的資本時，人們就會說他「交易公司的股權」。這麼做的根本概念是：借進來的資本所創造的利潤將高於因借錢而必須付出的利息。這個用語有時候是用來具體形容一個極端的情況：多數資本都是借款而來，只有少數是自有資金。

支出和費用（Expenditures vs. Expenses）：支出是花費現金或約當現金，通常不是指和營運活動或盈餘同期發生（如資本支出）的開銷。費用則代表成本，也就是說，因當期營運活動或盈餘而產生的花費，通常不會與現金支出同步發生（例如應計項目、折舊）。

安全係數（Factor of Safety）：表達固定支出保障倍數的一個方法，是盈餘扣除固定支出後的餘額約當固定支出的百分比。例如：可供支付利息的盈餘：17萬5,000元；利息支出10萬元。安全係數等於（175,000－100,000）÷100,000＝75%。安全係數等於（利息保障倍數－1）×100%（目前這個用語已經鮮少有人用了）。

會計年度（Fiscal Year）：股份有限公司設定一段為期十二個月的期間，做為計算與報導盈餘的基礎。通常和曆年（也就是十二月三十一日截止的年度）是一致的，不過也有很多例外。很多商品銷售公司的會計年度是在1月31日結束，目的是要在最旺季結束後清點存貨，不過，有些肉類包裝公司也是基於相同的原因，而選擇以10月31日作為會計年度結束。

固定資產（Fixed Assets）：見資本性資產（Capital Assets）。

固定費用（Fixed Charges）：利息費用和其他同義的減項，包括租金、保證股利、優先順序排列在母公司費用和債券折價攤銷（沖銷已售出債券的折價之年度備抵金額）之前的子公司優先股股利。通常建築物租金不會被視為固定費用，而是被列在營運費用裡。

浮動資產（Floating Assets）：與流動資產（Current Assets）相同。

初期自噴產量（Flush Production）：在石油產業，新油井在第一期耐用年限中所產出的大產量。這種大產量只會延續一小段時間，接下來會被一種「平均產量」取代，後者的產量明顯少很多。在進行分析時，不能將初期自噴產量所產生的盈餘視為永久常態，這一點很重要。

回贖權取消（Foreclosure）：一種法律流程，強制償還以抵押品做保證的負債。做法是（債權人）逕行取走做為抵押品的財產，並將之出售。當債務人未能償還抵押貸款的本金或利息時，（債權人）就有可能這麼做。

債券（Funded Debt）：以證券來代表的負債，也就是說，詳細註明借款人在特定時間與地點償還特定金額的一個正式書面協議，其中也註明具體的利率水準。包括債券、公司債和票據，不過，不包括銀行貸款。

繼續經營價值（Going Concern Value）：一個企業被視為一個營運事業的價值，所以，這個價值是以它的獲利能力和未來展望為基礎，而非以其資產的清算價值為基礎。

黃金條款（Gold Clause）：1933年以前發行的所有債券幾乎都包含這項條款，當時這項條款已行之有年。在這個條款的規定下，債券到期時債務人承諾必須以和債券合約簽訂當時相同重量和純度金元來還款。但從1933年後，該條款就不再適法。

商譽（Good-Will）：無形資產的一種，主要是將因擁有某些特殊無形優勢如優良的名聲、聲望、策略地點、或特殊的關係網等而將會獲得的超額未來利潤予以資本化。但就實務上來說，列在資產負債表上的商譽金額鮮少能精確表達出它的實際價值。

毛利（Gross Income）：有時候被用來作爲銷貨收入毛額（Gross Sales）的同義字。不過，多數情況是代表銷貨收入毛額和淨利（Net Income）之間的一個中間數字。

營業收入毛額或銷貨收入毛額（Gross Revenues or Gross Sales）：已實現的總業務金額，尚未扣除成本或費用。

擔保證券（Guaranteed Issues）：企業（而非發行者）就本金、利息、股利、償債基金等項目進行擔保的債券或股票。通常當發行公司將財產租給另一個公司，就會發生保證的情事；另外，爲了出售被另一家公司控制的某公司股票，也會發生保證的情事。保證的價值取決於保證公司的信用狀況和獲利，不過即使保證本身是有疑問的，但擔保證券卻是獨立的。

避險（Hedge）：通常是針對未來要交割的原物料商品做一個承諾，目的是爲規避這項原物料商品的價格變動風險對已訂立的製造或銷售合約之相關銷貨成本造成影響。就股票市場運作而言，避險是指買進一檔優先可轉換證券，並放空約當於執行轉換權後可換得的普通股股數（或其他類似的運作）。

控股公司（Holding Company）：擁有子公司多數或全部股票的股份有限公司。有時候，控股公司和母公司之間也有一點差異，後者是自身有經營經常性業務的公司，但也擁有或控制其他從事一般性業務的公司；然而控股公司是指只持有或控制從事一般性業務的公司。

發行券商（House of Issue）：參與證券發行時的承銷和配銷業務的投資銀行業公司。

閒置廠房費用（Idle Plant Expense）：維持非營業用製造財產的成本（維修和備抵折舊）。

收益科目（Income Account）：一段特定期間的營業報告，將可歸屬於那個期間的營業收入或收入與費用或成本等彙總之後，計算那個期間的淨利或淨損。通常稱為損益表（Profit & Loss Statement）。

收益債券（Income Bonds）：利息付款取決於盈餘情況的一種債券。其中某些債券的部分利息是採固定制，另一部分則是根據盈餘或者是或有基礎。收益債券有時候也稱為調節債券（adjustment bonds）。

債券發行契約（Indenture）：針對債券編製的正式法律文件，當中明訂債券的發行條件、債券的具體擔保品、違約時的補救方式、受託人的義務等等，也稱為信託契約（deed of trust）。

無形資產（Intangible Assets）：不具有形或金融特質的資本性（固定）資產。包括專利權、商標、版權、特許權、商譽、租賃權和一些遞延費用如尚未攤銷的債券折價。這些資產應以成本列示在資產負債表上（如果有金額的話），不過，通常企業完全是以武斷的金額來列示這些資產的價值。

聯營公司負債（Intercorporate Debt）：一個股份有限公司（如A公司）對另一個相關企業的負債，這個企業可能控制A公司、被A公司控制，或者A公司與債務公司同時被同一個利益團體所控制。

利息保障倍數（Interest Coverage）：盈餘約當利息支出的倍數，將可用來支應固定支出的盈餘（扣除所得稅前或後的盈餘）除以（總）固定支出，即可算出這個數字。

內含價值（Intrinsic Value）：一檔證券背後的「實際價值」，它的意思和市場價格相反。通常是一個含糊的概念，不過，有時候資產負債表和盈餘紀錄可以提供可靠的證據，幫我們釐清內含價值是否顯著高於或低於市場價格。

存貨（Inventories）：流動資產中代表現有成品存貨、在製品、用於製造流程的原料以及某些雜項用品如包裝與運輸用品等項目。通常是以成本與市價孰低者列示。

投資信託公司（Investment Trust）：一種企業的名稱，這種公司將它的資金投資在各種不同的證券，目的是要讓它的債券與股票持有人獲得專業財務管理與分散投資的利益。其實這是一個誤稱，因為實務上來說，所有這種企業現在都是股份有限公司，而非合法信託基金，而且，他們的很多購買行為可能是基於投機目的，而非投資目的。

連帶保證（Joint and Several Guarantee）：由超過一方所作的保證，在這種保證下，一旦共同保證人無法實踐屬於他們那部分的義務時，每一方都有可能必須為涉及的全部金額負責。

　　聯合設施租金（Joint Facility Rents）：鐵路公司的
損益表中用來表達幾個鐵路公司共同使用的車站設施或其
他類似財產的已付租金（貸項）或已收租金（借項）的方
式。

　　次級證券（Junior Issue）：對利息、股利或本金的
要求權排列在某些其他證券（稱為優先證券）之後的一種
證券。以同一個財產來說，第二抵押貸款的要求權就排列
在第一抵押貸款之後；普通股的權利排列在優先股之後等
等。

　　租賃權（Leasehold）：以特定租金在特定年度期間
使用一項財產的權利。通常承租人為了以有利的租金條件
取得一個長期租賃合約，會支付出租人（所有權人）一筆
現金紅利，這是就全新的租賃權而言，而如果租賃權中途
被接收，這筆現金紅利就是支付給前一個承租人。資產負
債表上的「租賃權」項目只能列示這項現金補償金，而且
必須在租賃年限中加以攤銷。

　　租賃權益改良工程（Leasehold Improvements）：針
對承租好幾年的財產進行改良工程或修繕所衍生的成本。
通常這種改良工程在租約到期後，將成為出租人（所有權

人）的財產，所以，這種成本必須在租賃年限內加以攤銷。

租賃權負債（Leasehold Obligations）：因一項租賃權而存在的義務或負債，必須在一段特定期間內支付特定金額的租金。

合法標的（Legal Investments）：在特定州裡，符合主管儲蓄銀行和信託基金投資事務的立法機構所定法令的證券。通常州政府的銀行主管部門每年會列出一份被視爲法律上適合儲蓄銀行與信託基金投資的證券清單，這些證券通常就被稱爲「合法標的」。

槓桿（Leverage）：導致每股盈餘或市場價值大幅變動的一種情況；當一個公司的普通股必須承擔相對高額的固定成本或減項（利息和〔或〕優先股股利）時，就會出現這種情況；這時只要毛利或營業成本出現極低百分比的變化，就會導致普通股的盈餘和市場價格出現顯著高於前者的百分比變動。槓桿股票的銷售總金額通常只佔優先證券總金額的一小部分。

負債（Liabilities）：對一個企業的法律要求權。狹義來說是只指債務人的要求權，也就是不包含所有權人的要

求權（這部分是以股本、公積與所有權準備科目列示）。
廣義來說，是包括對資產負債表右側所有項目的要求權。

　　負債準備（Liability Reserve）：一種準備金，或指外界對一個企業的要求權，代表一種負債，這項負債確定存在，但目前為止卻尚無法確定相關的金額（例如所得稅準備）。

　　流動資產（Liquid Assets）：與流動資產（Current Assets）同，不過，有時候是指不含存貨的流動資產。

　　清算價值（Liquidating Value）：一個企業結束營業並將所有資產變現後，（該企業發行的）某一檔證券可從中取得的所有金額。這項金額比「帳面價值」低，因為必須扣除各種資產要在短期內出脫而可能造成的價值萎縮金額。

　　維修費用（Maintenance）：維持廠房與設備於有效運作狀態所需支出的保養費與維修成本。

　　邊際利潤率（Margin of Profit）：營業利益除以銷貨收入。折舊通常是包含在營業費用中，但所得稅通常不包含在內。在計算營業利益時，並不會將非營業收入和利息

支出計算在內。

安全邊際（Margin of Safety）：通常是和「利息保障倍數」代表一樣的意思，先前已經解釋過。以前是用在一種特殊的意思，代表扣除利息後的盈餘佔可供用來支應利息的盈餘之比率。例如，如果利息保障倍數是 $1\frac{3}{4}$ 倍，安全邊際（以這個特殊意義來說）就成為 $\frac{3}{4} \div 1\frac{3}{4} = 42\frac{6}{7}\%$

市場性（Marketability）：買進或出售一檔證券的方便性。要有好的市場性，買方出價和賣方出價之間必須維持密切的關係，讓人能夠隨時買進或賣出大量股數。

合併（Merger）：一個公司吸收一個或多個公司，彼此結合為一個公司。

少數股東權益（Minority Interest）：若是列在合併損益表中，代表子公司的少數股東對這個子公司盈餘的利益或權益。若是列在資產負債表中，代表少數股東對子公司淨值所佔的利益或權益。

一籃子抵押貸款（Mortgage, "Blanket"）：通常和一般抵押貸款是一樣的意思。可能應用到更具體的情況：受許多獨立財產保障的抵押證券。

一般抵押貸款（Mortgage, General）：對一個股份有限公司在發行抵押證券時所擁有的所有固定財產的留置權，通常優先順序是排列在優先擔保抵押權之後。

擔保抵押貸款（Mortgage, Guaranteed）：一種房地產抵押貸款，本金或利息的付款（通常含括兩者）是由抵押貸款保證公司或擔保公司做保證。有時候，整筆抵押貸款會隨著附帶的擔保被出售，通常一筆或多筆抵押貸款會被存放在受託人那邊，受託人則將抵押貸款視為一種證券，發行「擔保抵押貸款憑證」。

可轉讓信用工具（流通票據）（Negotiable Instruments）：某種型態的財產，例如貨幣、支票、本票、承兌票據以及息票債券，一旦交割，產權就易主，而且當期持票人手中持有這些票據時，這些票據不受侵犯，並以誠信為出發點。不過，股票並非票據，所以無辜股票持有人被偷的憑證也許可以恢復。

流動資產淨額（營運資金）(Net Current Assets〔Working Capital〕)：流動資產減去流動負債。

速動資產淨額（Net Quick Assets）：和上述項目相同，或者（比較適當的）是指淨流動資產減去存貨。

廠房淨額（Net Plant）：見財產科目（Property Account）。

淨值（Net Worth）：帳冊上屬於股東的金額。這是由股本、公積和一些約當於公積的準備金所組成。一般的使用上是包括帳面的無形資產，但若是這個用法，就和股票的「帳面價值」不同。

非累積優先股（Non-Cumulative Preferred Stock）：優先股的一種，條文中規定如果任何一段期間公司未宣布發放任何股利，這種優先股的持股人就會損失那一期的股利。股利的累積最多不能超過盈餘，這種證券介於標準累積優先股與標準非累積優先股之間。

不可分離認股權證（Non-Detachable Warrants）：見認股權證（Warrants）。

非經常性項目（Non-Recurrent Items）：來自某些特殊來源且不可能在後續年度出現的盈餘或減項。在分析一份報告時，應該將這種項目和經常性的盈餘或減項分開來對待。非經常性盈餘的例子：出售資本性資產的利益、來自子公司的特殊股利、債券回收的利益、因法律訴訟而得到的賠償金等。非經常性減項的例子包括：出售資本性

資產的損失、存貨勾銷、閒置廠房費用（在某些情況下）等。

廢棄（Obsolescence）：導致資本性資產無法繼續進行商業使用的新製造發展或新發明所衍生的資本性資產價值折損。此外，也指一種為調整未來可能因上述導因而產生的價值折損的會計性支出（通常屬於折舊費用的一部分）。

營業比率（Operating Ratio）：以鐵路公司而言，是指不含稅金的營業費用除以營業收入（或收入毛額）之比率。以公用事業來說，通常是指包含稅金與折舊的營業費用佔總營業收入的比率。工業公司的情況也類似，只不過有些主管機關不會將折舊列為營業費用，多數也不會把所得稅列為營業費用。

選擇權認股權證（Option Warrants）：見認股權證（Warrants）。

開辦費（Organization Expense）：成立一個新公司主體所衍生的直接成本：多半是成立規費和稅金與法律費用等。可能出現在資產負債表上，被列為遞延資產，如果是這樣，通常會在成立初期幾年內被用來沖銷盈餘。

整體法（Over-All Method）：計算債券利息或優先股股利保障倍數的適當方法。以債券利息的情況來說，它代表盈餘約當總固定費用的倍數；以優先股的情況來說，是指計算盈餘約當所有固定費用加優先股股利的倍數。（在計算優先於另一優先證券的保障倍數時，次級證券的條件可以不予理會）。

母公司（Parent Company）：見控股公司（Holding Company）。

參與證券（Participating Issues）：有權獲得正常比率以外的額外利益或股利的債券（這種債券很少見）或優先股，獲得額外利益與否，取決於：(1)盈餘金額或(2)支付給普通股的股利。

廠房科目（Plant Account）：見財產科目（Property Account）。

優先購買權（"Preemptive Right"）：股東在其他買家之前購買額外股票或其他證券（通常是指可轉換為普通股的證券）的權利。優先購買權通常是包含在州的股東法律中，不過在公司憲章或章程細則中可能會被刪除。

　　優先股（Preferred Stock）：對不超過某特定金額的股利要求權（和〔或〕股份有限公司清算時的資產要求權）優先於普通股的股票。請見累積優先股（Cumulative Preferred Stock）、非累積優先股（Non-Cumulative Preferred Stock）和參與證券（Participating Issues）。

　　債券溢價（Premium on Bonds）：市場價格超過面值的部分，或者指發行者收到的金額中超過面額的部分。

　　資本股票溢價（Premium on Capital Stock）：發行者收到的現金或約當現金當中，高於資本股票面額的部分。

　　預付資產（Prepaid Assets）：見遞延性資產（Deferred Assets）。

　　本益比（Price-Earnings Ratio）：市場價格除以當年度每股盈餘。範例：一股市價84元的股票，若其每股盈餘為7元，本益比則為12比1（一般說法為：市價為盈餘的12倍）。

　　優先扣抵法（Price Deductions Method）：計算債券利息或優先股股利保障倍數的一種方法，但非常不恰當。先從盈餘中扣除優先債券的要求，接下來，將餘額用來計算次級證券的保障倍數。見整體法（Over-All Method）。

優先留置權（Prior Lien）：優先順序排列在其他留置權之上的留置權或抵押權。優先留置權本身不一定是第一抵押權。

權利證券（Privileged Issue）：擁有轉換或參與權的債券或優先股，或者附帶股票購買選擇權。

損益表（Profit & Loss Statement）：見損益表（Income Statement）。

損益公積（Profit & Loss Surplus）：見公積（Surplus）。

財產科目（Property Account）：為進行商務運轉而持有的土地、建物和設備等的成本（有時候是採鑑價金額）。淨資產科目（Net Property Account）代表這些資產的成本或鑑價減去到目前為止的應計折舊，也就是財產科目減去折舊準備。「廠房與廠房淨額」（Plant and Net Plant）這個名稱通常就是用來代表字面上的意義，不過，有時候不包括土地或非不動產如運輸設備等。

所有權準備（Proprietorship Reserve）：為了區隔公積而設置的準備金，完全只是為了記載股東權益中不能以

現金股利形式發放給股東的部分。這包括多數或有準備，以及償債基金和廠房擴充的準備。這些準備金都代表權益，而非負債。

公開說明書（Prospectus）：描述一檔新發行證券的公開文件，根據1933年通過的證券法，相關單位必須將詳細公開說明書提供給希望購買證券的人。

保護委員會（Protective Committee）：一種委員會，通常是在一檔特定證券的主要持有人的倡議下設立，目的是要在遭遇重大困難或衝突時，代替這檔證券的全部持有人行使權利。多數保護委員會的成立和破產管理人職務與處理重整的問題有關。其他可能只是因為眾人對某些基本政策有歧見而成立，例如特定股東和經營階層之間發生意見衝突時。

保護契約（Protective Covenants）：債券發行契約中的某些條文或公司憲章中會影響到優先股的一些條文，(1)約束公司不能從事某些有害這些證券的事務；(2)明訂一旦出現不利發展時的補救方案。例如：(1)同意不要在債券之前（指要求權的優先順序）針對財產設定留置權的協議；(2)如果未發放股利，則通過優先股的投票權。

委託書（Proxy）：一個證券持有人合法授權其他人就他的持股選舉董事或針對某些問題參與投票。

買價抵押貸款（Purchase Money Mortgages）：以房地產的部分付款或其他財產為基礎而發行的抵押借款，擁有購入財產的留置權。通常這種貸款被用來規避公司先前發行的債券之「包括後產條款」（after acquired property clause）。

「純利率」（"Pure Interest"）：無風險投資的理論利率，因整體信用情況的不同而有差異。一般認為任何一項特定投資的實際利率是純利率加上這項投資所承擔的風險溢酬數字。

金字塔加碼法（Pyramiding）：使用在股票市場運作方面，是指利用保證金交易的未實現帳面利益，繼續加碼買進股票。以企業財務來說，是指利用一系列的控股公司創造一個投機的資本結構，這樣一來，只要握有母公司相對少量具投票權股票，就能控制一整個龐大的企業系統。

品質係數（分析領域）（Qualitative Factors〔in analysis〕）：無法以數字表達的考量因素，例如管理、策略地位、人力情況、未來展望等。

數量係數（分析領域）(Quantitative Factors〔in analysis〕)：可以用數字表達的考量因素，例如資產負債表情況、盈餘記錄、股息發放率、資本化計畫、生產統計等。

速動資產（Quick Assets）：(1)有時候是用來代表流動資產，不過(2)比較適合用來指不含存貨的流動資產。

破產管理人職務（Receivership）：一個公司的營運由法院代理人在法院的指揮下執行，通常是發生在企業無法償還到期債務時。(1)權益清算管理人職務；(2)破產管理人職務，以及(3)破產法修正案第77與77B條修正條文的託管職權等，各自存在一些技術上的差異。

登記書（Registration Statement）：一個股份有限公司（或外國政府主體）在公開銷售新證券時，向證券交易委員會申報的表格；或指一個股份有限公司向一個國家級證券交易登記（掛牌）其流通在外證券時所提報的表格。登記書裡的多數甚至全部資訊，都可以在對有意購買新股者提供的「公開說明書」裡找到。

準備金（Reserves）：用來抵銷全部或具體資產價值的項目，在帳冊上設立準備是：(1)為了降低或重估資產

價值；(2)用來提示大致上無法確定金額的負債的存在；
(3)記載某一部分公積必須供未來使用。見評價準備金
（Valuation Reserves）、負債準備金（Liability Reserves）和
所有權準備金（Proprietorship Reserves）。正確一點來說，
準備金不代表資產，而是對資產的要求權或減項。為了準
備金而保留的資產應該稱為「準備基金」（reserve funds）。

受限股票（Restricted Shares）：在某一種不尋常協
議下所發行的普通股──除非某些情況發生，否則這些股
票不能參與配發股利，某些情況通常是指達到特定水準的
盈餘。

**報廢費用或報廢準備（Retirement Expense or
Retirement Reserve）**：(1)出現在損益表上時，是指：會
計支出。就很多層面來說是用來取代折舊，這是為了營業
用設備最終難逃報廢（被拆除）命運而提列的應計虧損。
可能將公司擁有的全部設備考慮在內，若是如此，這個項
目將接近正常的折舊支出。較常見的情況是只針對有可能
在未來幾年內報廢的設備提列這項費用，所以，這個項
目的數值通常比正常折舊支出低。(2)在資產負債表上是
指：報廢準備是一種評價準備金，代表到目前為止的應計
報廢費用。和折舊準備類似，理當是用來取代折舊準備，

不過，它通常只佔相關資產價值的較小部分，比適當設置的折舊準備金低。

營業收入支出（Revenue Expenditures）：為維持資產價值（例如維修，但非改良），或是為取得當期營業收入（例如採購原物料、工廠勞工薪資）等而發生的支出或現金及約當現金花費。請和資本支出（Capital Expenditures）做比較。

認股權（Right）：根據每一單位現有證券購買新證券的權利。通常必須在短時間內執行完畢，而且發行者的出價比現行市價低（見認股權證 Warrant）。

權利金（Royalty）：(1)為使用專利權而支付的款項；(2)因採集石油或天然氣而付給石油或天然氣田所有人的款項；(3)支付給書籍作者等的款項。

憑單股利（Scrip Dividends）：以票據來支付的應付股利，或承諾在未來某一日期將發放多少現金股利金額的書面文件。前述日期可能已經定好了，但也有可能以某特定事件的發生為條件，或者完全放任董事裁決。

季節性差異或波動（Seasonal Variations or Fluctuations）：因為一年內的不同時期而衍生的營運成果變動。在解讀年度中某一部分的營運結果時，必須將這個因素考量在內。

熱門證券（Seasoned Issues）：基礎雄厚的大型企業的證券，長年以來（包括景氣好與不好的年度），投資大眾對這些證券非常熟悉。

長期趨勢（Secular Trend）：長期朝某個確定方向波動的走勢──例如價格、生產等。和季節性波動或差異相反

分離（Segregation）：從一個控股或營運公司分離出一個或多個子公司或營運事業部，將子公司的股票分配給母公司的股東，即完成手續。

優先證券（Senior Issue）：見次要證券（Junior Issue）。

分期償還債券（Serial Bonds）：特定部分本金將在連續的幾個日期還款，而非一次清償的一種債券。分期償還的到期日間隔通常是一年。

放空股票（Short Sale）：賣出自己原本沒有持股的股票。先以約當於股票市價的保證金（且後續必須維持與市價相等的金額）向一個持有這檔股票的人借股票，以便完成對買方的交割程序。當放空者最後買回（回補）股票後，他會將因此收到的股票還給借券人，而存在借券者那裡的錢則會被返還給放空者。

償債基金（Sinking Fund）：為了在預定到期日以前定期將一部分債券或優先股贖回而安排的一種做法。公司可能自行買進固定數量的相關證券，或者提供資金給受託人或代理機構去執行這件事。贖回可能是以固定價格買回，也可能進行投標，或者在公開市場買進。償債基金的金額可能是固定的，也可能是該證券的一個特定百分比，或者依據生產量或盈餘來決定。

滑動權利（Sliding Scale Privilege）：一種轉換權或股票購買權，隨著時間的消逝或針對該證券行使權利的數量達到某特定水準後所產生的價格變動（對優先證券幾乎都是不利）。

投機（Speculation）：以利用某些預期事件來獲取利益為目的，且充分瞭解相關風險的一種金融交易。

股票分割（Split-Up）：將股份有限公司的股本分割成更多股數，通常（以有面值的股票來說）會降低每一股所表彰的面值。在這種情況下，一個分割案可能牽涉到股票的發行，例如將流通在外的每股面值100元的一股股票交換為每股面值25元的四股新股票。有時候也會發生相反的情況，也就是說，股本被整合成較少股數，只發行一部分的新股，換回流通在外的每一股舊股。由於缺乏比較好的稱呼，所以通常我們將後者稱為逆分割（Reverse Split-Up）或併股（Split-Down）。

股票價值比率（Stock Value Ratio）：(1)以債券的情況來說，是指一個股份有限公司的資本股票總市場價值相對中長期債務面值的比率；(2)以優先股來說，是指普通股的總市場價值相對所有債券的面值外加優先股總市場價值的比率。

（股本的）設定價值(Stated Value〔of Capital Stock〕)：沒有面值的資本股票被列示在資產負債表上的價值。可能完全是一個武斷或名目金額，也可能是發行價格，或者是股票的帳面價值。（在美國某些州，企業為其面值股票訂定的設定價值有可能低於面值）

股票股利（Stock Dividends）：以發放公司股票來做為股利形式的應付股利，不過這種股票股利的等級不見得和獲配發股票股利的原有持股相同。

股票購買權證（Stock Purchase Warrant）：見認股權證（Warrant）。

直接投資（Straight Investment）：債券或優先股，利息或股利明確受限，只為取得其收益報酬而買進，不考慮增值的問題。

子公司（Subsidiary）：被另一個（稱為母公司）至少擁有其多數具投票權股票的公司所控制的企業。

公積（Surplus）：總淨值或股東權益中超過資本股票總面值或設定價值與所有權準備金的部分。超出金額中至少有一部分是導因於保留盈餘，這部分通常被標記為「盈餘公積」（Earned Surplus）或「損益公積」（Profit & Loss Surplus），如此便可看出其來源。來自其他來源的公積（例如固定資產增值、資本股票面值或設定價值沖銷或以溢價出售股票〔也就是股本溢價〕等）通常被標記為資本公積（Capital Surplus）。

公積計算書（Surplus Statement）：彙總一整個會計年度（或其他期間）內公積變化情形的財務報告。期初列示公積，加上本期淨利，減去已發放股利，增減任何導致公積降低的特別貸項或支出。因此報告的最後一項就是期末的公積。這份報告也稱為公積表（Statement of Surplus）或公積分析表（Analysis of Surplus）。

換股（Switching）：為了賺取期望利益而賣出目前持有的證券，以另一檔證券取而代之的流程。

有形資產（Tangible Assets）：具有形或財務特質的資產，如廠房、存貨、現金、應收款、投資。見無形資產（Intangibles）。

免稅契約（Tax Free Covenant）：股份有限公司同意在支付利息時不先扣除可依法預扣的聯邦稅額的一項協議，通常不會超過一個特定的最高百分比。根據所得稅法的特殊條文規定，這種契約代表股份有限公司最高將支付約當票面金額2%的所得稅。

定期存款（Time Deposit）：一種銀行存款，只能在一段期間結束後提款，而不是隨時可以提款，通常有孳息。

庫藏股（Treasury Stock）：股份有限公司以買進或捐獻的方式將根據法律發行的股票收回。

趨勢（Trend）：一段期間內出現朝特定方向移動的持久性轉變（例如盈餘）。若用於根據過去的盈餘來推斷未來盈餘時，一定要非常謹慎。

受託人（Trustee）：為了第三方的利益而接受財產產權的人。所以，抵押權債券的受託人為了債券持有人的利益（主要是如此）而握有抵押權（也就是說，將抵押財產轉移給它）。破產受託人主要是為了破產人的債權人之利益而握有破產財產的產權（有一些例外）。受託人也可能承接和直接持有財產無關的債務：例如無擔保（公司債）債券的發行契約中所稱的受託人。

受託人股份（Trustee Shares）：見銀行股份（Bankers' Shares）。

信託基金（Trust Funds）：受託人為另一方的利益而握有的基金。條件由信託基金的設立者設定，這些條件決定受託人可投資的財產型態：有時受託人必須遵守「法定投資標的」的約定，有時則可以自行裁決要投資什麼樣的財產。

尚未攤銷的債券折價（Unamortized Bond Discount）：原始債券折價中，尚未被攤銷的部分，也就是尚未被列為導致盈餘降低的支出。

固定債券（Underlying Bonds）：見債券，固定（Bonds, Underlying）。

未支用折舊（Unexpended Depreciation）：見折舊（Depreciation）。

評價準備金（Valuation Reserves）：為(1)暗示其相關資產價值的縮減；(2)為無法實現完整價值的合理性可能疏失等而設置的準備金。例如：(1)的部分：折舊與折耗準備、將持股降低到約當市場價值的準備；(2)的部分是呆帳準備。

投票信託（Voting Trust）：股東將他們的投票權（通常只用來選舉董事）轉移給一小群人（稱為投票受託人）的做法。原始股票憑證被登記在投票受託人名下，同時由信託基金持有，股東則是收到稱為「投票信託憑證」的其他憑證。投票信託通常營運五年，通常它們會將和存入證券有關的所有權利全部交給股票持有人，但投票權除外。

認股權證（Warrants）：(1)股票購買權證（Stock Purchase Warrants）或選擇權證（Option Warrants）。一種購買股票的權利，通常權利有效期間比一般給予股東的認購「權利」長很多。這些認股權通常是附加在其他證券上，不過，也可以獨立發行或在發行後予以分離。無法分離的認股權證不能和發行這些認股權證的證券分開處理，所以只能在遞交原始證券時執行。選擇權認股權證通常是在重組時發行，或者被授予經營階層，作為額外的薪酬和獎勵。(2)某種類型的地方自治負債之名稱。

遞耗性資產（Wasting Assets）：因正常業務營運的逐漸耗用而折耗的有形固定資產（例如金屬、原油或硫礦存量；林地）

摻水股（Watered Stock）：實質淨資產價值大幅低於其面值或設定價值的股票，意思指公司資產負債表中某一部分資產的價值為虛假或存在高度疑問。

「發行前交易」（"When Issued"）：用於將依據某些重組、合併或新資本計畫而發行的證券之交易。這個用語的完整描述語句是「當、在，與如果發行」。如果計畫取消或產生實質變化，「發行前交易」就變成無效。

營運資金（Working Capital）：淨流動資產，也就是流動資產減去流動負債。

收益率（Yield）：一項投資的報酬率，以成本的百分比來呈現。將股利金額（股票）或利息金額（債券）除以市場價格，就可以計算出直接收益率，也就是當期收益率。「收益率」並未將到期或可能以高於或低於市場價格贖回等因素考量在內。攤銷後收益率（Amortized Yield）或到期殖利率（Yield to Maturity）（債券）才會把到期還款時本金價值將可能實現的最後損益考量在內。如果債券可在到期以前贖回，而且如果人們假設贖回將會發生，那麼其攤銷後殖利率可能比較低。一旦出現任何關於贖回的假設，那麼實際的攤銷後殖利率應該會是最低的。

投資理財系列110
葛拉漢教你看懂財務報表

作　　者：班傑明・葛拉漢（Benjamin Graham）、史賓瑟・梅瑞迪斯（Spencer B. Meredith）
譯　　者：陳　儀
總 編 輯：楊　森
主　　編：陳重亨　金薇華
編　　輯：黃玉潔
行銷企畫：呂鈺清
發 行 部：黃坤玉、賴曉芳

出版者：財信出版有限公司／台北市中山區10444南京東路一段52號11樓
訂購服務專線：886-2-2511-1107　訂購服務傳真：886-2-2541-0860
郵政劃撥帳號：50052757財信出版有限公司
部落格：http://wealthpress.pixnet.net/blog
臉書：http://www.facebook.com/wealthpress

製版印刷：中原造像股份有限公司
總經銷：聯合發行股份有限公司／新北市新店區23145寶橋路235巷6弄6號2樓
電話：886-2- 2917-8022

初版六刷：2011年6月　定價：250元
ISBN　978-986-6602-30-6
版權所有・翻印必究　Printed in Taiwan　All rights reserved.
（若有缺頁或破損，請寄回更換）

國家圖書館出版品預行編目資料

葛拉漢教你看懂財務報表／班傑明・葛拉漢
（Benjamin Graham）、史賓瑟・梅瑞迪斯（Spencer
B. Meredith）著；陳儀譯.- 初版.- 台北市：財信
2008.12
　　面：　公分.-（投資理財系列；110）
譯自：The Interpretation of Financial Statements
ISBN　978-986-6602-30-6（平裝）

1. 財務報表　2. 財務分析

495.47　　　　　　　　　　　　　97022168